公司治理重要判決解讀

董事責任參考指引

 社團法人中華公司治理協會

目錄

賴英照教授 推薦序

　　公司董事有什麼權利？負什麼責任？這些問題不但和董事切身相關，而且影響廣大投資人的權益。由於各方見解不同，董事權責的問題，近年來爭訟不斷。

　　為協助釐清爭議，中華公司治理協會特別敦請張心悌教授、朱德芳教授、林建中教授和郭大維教授，撰寫「公司治理重要判決解讀」，讓董事更清楚瞭解自己的權責分際，不但有助於避開惱人的法律紛爭，更可藉此提升公司治理的品質。四位作者及中華公司治理協會的努力，應該獲得肯定。

　　本書的四位作者都是公司法的權威學者，兼有深厚的學術根柢及豐富的實務經驗。由他們執筆寫董事的權利和責任問題，可謂一時之選。

　　作者選擇以實務案例做為討論基礎，從複雜的司法判決中，清楚呈現法院對董事權責的相關見解。本書同時邀請賴源河董事長、林純正董事、薛明玲會計師、金玉瑩、吳志光及羅名威等大律師，從專業經驗的角度，對相關議題提出評論。這種以實務觀點討論問題的方法，讓本書深具實用價值。

　　講述實務判決之外，四位作者同時旁徵博引外國法制，解析重要的外國司法判決。我國法院常有引用外國裁判的情形，這些外國法制的引介，不但深具學術價值，更有高度的實用性。

　　本書的實用價值，不只是對公司經營者而已。對學術界，這是一本上好的教材。對從事實務工作的法官、檢察官、律師和行政主管機關，這更是一本實用的參考書。特為推薦。

賴英照

前司法院院長

中原大學法學院財經法律學系講座教授

陳清祥理事長 序

　　董事會為公司治理的核心，董事會應以公司及股東最佳利益為依歸，在兼顧其他利害關係人的權益下，以高道德標準，進行獨立客觀的判斷，以履行其各項職責。董事會運作的良窳，除影響整體公司發展的榮枯，各別董事行使職權產生的權利、義務，對董事具有切身利害關係。然而實務上董事對其執行職務產生的責任，及是否已盡相當注意義務，往往未必有正確的認知，例如：當公司發生財務報告不實之弊端時，常以為主張已委任會計師查核財報、未出席通過財報之董事會、或未具備財會專業知識、乃至股東會已承認通過該財報等，即可作為其等免責的理由，然而這些抗辯，實際上並不被法院所採認。因此董事除對其執行職務產生的責任應有正確的理解與認知外，如何做才符合已盡相當注意義務之要件，從而能有效強化董事會職能、維護公司及股東權益，同時避免相關賠償責任，實乃重要課題。

　　中華公司治理協會作為一個倡議公司治理、協助台灣企業強化公司治理，提升競爭力與永續經營能力的非營利、專業民間公益團體，為了宣導正確的公司治理觀念，協助董監事了解自身權責，多年來透過發表多期的《公司治理重要判決摘要選粹》，挑選國內外具有重要性或代表性的判決，針對不同主題，整理摘要並提出簡評，以便讀者容易瞭解法律上最新的重要見解，作為實務運作參考並避免相關爭議。為持續在完善公司治理的各項議題上扮演積極的角色，我們邀請學有專精之教授將已發表之判決選粹內容篩選後，集結成冊，另因應時勢改寫、補充資料，並減少法律專用術語，以達到淺顯易懂及協助董事履行職務之目的。

　　本書收錄九個章節，分別探討董事資訊權、董事注意義務、監督義務、衍生性商品交易與公司風險控管義務、董事利益衝突之判斷與說明義務、商業判斷法則與背信、企業併購與董事責任、財報不實之民事責任及內線交易之消息傳遞責任等內容。透過實務案例破題、說明本議題之重要性與董事執行職務之關聯、提出對董事執行職務的建議，並於各章節末，邀請實務專家針對各主題作實務面之分享對話。

　　本書得以付梓，要特別感謝張心悌教授擔任總編輯，以及編輯教授群林建中教授、朱德芳教授、郭大維教授、還有為本書撰寫評析的實務專家們，從資料蒐集、研究、彙整、撰文，在百忙之中不辭辛勞為本書投注心力，讓本書內容充實及完善，更要謝謝司法院賴前院長英照為本書慨賜推薦序文，說明這是一本理論與實務兼備的參考書。

　　期盼本書可以提供董事實務運作的參考，協助降低執行業務風險，使之能更為公司及投資人權益把關，除弊興利；亦有助提供各界專家做進一步的思考，為我國公司治理法制及實務操作的提升盡一份心力，讓我國的公司治理更上層樓。

陳清祥

中華公司治理協會理事長

—— 第一章 ——

董事資訊權

張心悌

國立臺北大學法律學系教授

【實證研究】獨立董事不同意見之實證研究

　　學者於公開資訊觀測站，查詢2013年至2017年所有上市上櫃（含興櫃）公司依法公告申報的獨立董事不同意見。該研究發現獨立董事表達不同意見之記載理由中，最常見的即為「資訊不充足」或類似理由，包括「公司未提供若干項目的相關資料」、「公司臨時通知，且未經董事有機會研究本案利弊得失並得以充分討論之情況下倉促決定」、「若干說明應再詳予稽核」、「投資項目沒有經過評估程序、沒有可行性分析」、「未經外部人協助研判」、「未經專業人士列席報告」等。該研究統計，獨立董事以「資訊不充足」或類似理由表達不同意見者，占所有表達不同意見人次數中之比例達16.8%。

　　下表：獨立董事以「資訊不充足」理由表達不同意見之統計：

	上市公司	上櫃公司	興櫃公司	合計
資訊不足意見數 / 全部不同意見數	15/86 (17.4%)	7/62 (11.3%)	5/13 (38.5%)	27/161 (16.8%)

（張心悌，獨立董事不同意見之研究，2018）

壹、前言

美國公司法權威學者Melvin Eisenberg教授於其1976年出版具有相當影響力的著作「The Structure of Corporation」中，認為董事會實質上係被動的，其主要功能將受到資深經營階層(senior executive)之控制或挾制，因此主張董事會主要功能係監督經營階層，即選任、監督與解任公司主要經營者[1]。Eisenberg教授倡議大型公開發行公司應建立明確區分經營和監督的架構，在監督型董事會(monitoring board)，董事不再擔任決策或政策制定的角色，此一功能乃交給資深經營階層負責，董事會的主要功能係監督公司資深經營團隊的績效。董事會的其他功能，如提供執行長意見、授權公司重大行動、決策過程控制力的實行等，均不具有重要性，或僅是形式上(pro forma)的功能[2]。

此一監督型董事會的模型，獲得美國證券管理委員會(Securities and Exchange Commission, SEC)和美國法院的背書[3]。在美國大型公開發行公司，監督型董事會已成為常態。我國論者亦有認為「以公司治理的實務而言，國際間的大企業早已將董事會與業務執行分開，董事會負責決定經營方針，並監督其所聘任的經營管理階層在此經營方針下執行業務，這也就是所謂監督型的董事會。OECD公司治理原則就規定董事會多數成員應不屬於經營管理團隊。」「以公司董事會運作

1　MELVIN A. EISENBERG, THE STRUCTURE OF CORPORATION: ALEGAL ANALYSIS 162-72 (1976).

2　Id. at 157-62; STEPHEN BAINBRIDGE, CORPORATE GOVERNANCE AFTER FINANCIAL CRISIS 53 (2012).

3　1977 年紐約證券交易所 (New York Stock Exchange) 修正其上市規則，要求公司董事會設置由獨立於經營團隊之董事組成審計委員會 (audit committee)。同時，1980 年代企業併購風潮中，德拉瓦州法院經由判決建立「法院僅審查目標公司之決策過程，而不審查交易實質內容」的操作，因此由外部或獨立董事所組成的董事會在獨立判斷的運作下，可以對敵意併購予以拒絕，而不用擔心潛在的責任，獨立董事制度因而更受到歡迎。

的實務而言，雖然公司法要求董事會的全體董事實際執行業務，然而上市櫃公司董事會大概一年平均開會四次，以這種開會頻率，在公司沒有任職的一般董事及所有獨立董事，怎麼可能負責公司業務的執行[4]？」

　　為履行監督任務，董事會必須真正獨立於經營階層，且必須處於能取得執行監督任務所須資訊的位置。「無資訊，等同無法監督」[5]。John Coffee教授即明白表示「所有董事會成員均為其守門人的俘虜(All board of directors are prisoners of their gatekeepers)。亦即不論董事會的成員多有能力或多善意，董事會及其成員都不可能比公司專業顧問表現得更好。只有當董事會的代理人（即守門人）提供適當意見且警示董事會，董事會才能有效率地發揮功能[6]。而上述限制在獨立董事的情況又比內部董事更為嚴重。獨立董事制度最明顯的問題即為資訊不對稱與所付出的時間有限。獨立董事對於資訊的掌握，幾乎高度依賴公司經營者所提供之資訊。因此，從經營者控制資訊的角度思考，獨立董事得到的是經過經營者篩選過的資訊，以支持經營者的意見[7]。且此一資訊不足的問題，在董事獨立性愈高時，愈必須依賴公司內部人所提供的資訊，即獨立性事實上創造了依賴性

4　龔天行，監督型董事會存在之必要性，經濟日報，106 年 4 月 6 日。
5　劉連煜、杜怡靜、林郁馨、陳肇鴻，選任獨立董事與公司治理，元照出版公司，頁 16，2013 年 7 月。
6　JOHN C. COFFEE, GATEKEEPER—THE PROFESSIONS AND CORPORATE GOVERNANCE 1 (2006).
7　Laura Lin, *The Effectiveness of Outside Directors as a Corporate Governance Mechanism: Theories and Evidence,* 90 NW. U. L. REV. 898, 914 (1996).

(Independence actually creates dependence)[8]。Coffee教授更直言「當發行公司做出一個不實陳述，外部董事通常與外部投資人一樣被愚弄」，即外部董事的資訊缺乏，將使其處於黑暗中[9]。

　　有鑑於資訊對董事執行職務與善盡其受任人義務(fiduciary duty)具有相當之重要性，本章乃就我國法下董事資訊權，特別是普通董事（非獨立董事之一般董事）的資訊權，進行分析與討論。易言之，董事為執行職務，可以要求公司提供那些資訊、資料？是否可以要求公司提供股東名簿、財務報表？關係人交易的契約？收入與支出明細帳（總分類帳）、傳票簿、進銷項原始憑證（如發票、收據等）？公司是否可以拒絕？等問題。

8　J. N. Druey, 'Unabhaegigkeitals Gebot des allgemeinen Unternehmensrechts (Q: Unabhaegigkeit als Gebot des allgemeinen Unternehmensrechts)', in S. Kalss, C. Nowotny and M. Schauer (eds), Festschrift Peter Doralt 163, 169 (Manz, 2004)，轉引自 Harald Baum, *The Rise of Independent Director in the West, in* Independent Directors In Asia—A Historical, Contextual And Comparative Approach 27 (Dan W. Puchniak, Harald Baum & Luke Nottage eds., 2017).

9　Coffee, *supra* note 6, at 8.

貳、基本概念說明

作為公司股東，我可以查閱何種資訊？

公司法第210條第1項及第2項規定：「除證券主管機關另有規定外，董事會應將章程及歷屆股東會議事錄、財務報表備置於本公司，並將股東名簿及公司債存根簿備置於本公司或股務代理機構。」「前項章程及簿冊，股東及公司之債權人得檢具利害關係證明文件，指定範圍，隨時請求查閱、抄錄或複製；其備置於股務代理機構者，公司應令股務代理機構提供。」

換言之，股東可以檢具利害關係證明文件，請求查閱五種文件：章程、歷屆股東會議事錄、財務報表、股東名簿及公司債存根簿，但不包括財務業務契約、董事會議事錄等其他文件，範圍相對限縮。

股東如果要查閱其他文件，可以聯合其他股東，依據公司法第245條第1項規定「繼續六個月以上，持有已發行股份總數百分之一以上之股東，得檢附理由、事證及說明其必要性，聲請法院選派檢查人，於必要範圍內，檢查公司業務帳目、財產情形、特定事項、特定交易文件及紀錄。」即透過少數股東權（持股期間6個月以上，持股比例1%的股東）聲請法院選派檢查人之間接方式行使查閱權。檢查人的檢查範圍相當廣泛，包括公司業務帳目、財產情形、特定事項、特定交易文件及紀錄，不過由於檢查人是法院選派的，故其於個案之具體查閱範圍乃由法院決定之。

作為公司監察人，我可以查閱何種資訊？

　　公司法第218條第1項第2項規定：「監察人應監督公司業務之執行，並得隨時調查公司業務及財務狀況，查核、抄錄或複製簿冊文件，並得請求董事會或經理人提出報告。監察人辦理前項事務，得代表公司委託律師、會計師審核之。」即在現行公司法下，賦予監察人十分廣泛的查閱權，基本上可以查閱所有公司財務、業務的簿冊文件，以利監察人監察權功能的發揮。

　　經濟部函釋亦表示：「監察人係股份有限公司之法定必備之常設監督機關，職司公司業務之執行與公司會計之審核。依公司法第218條第1項規定：『監察人應監督公司業務之執行，並得隨時調查公司業務及財務狀況，查核簿冊文件，並得請求董事會或經理人提出報告』。……至於監察人查閱公司收入明細、請款單據、付款憑證及支出明細等文件，核屬監察人職權範圍所及，監察人自得依權責辦理，並得影印或攝影為證。……」（經濟部92年7月9日經商字第09202140200號函參照、經濟部102年11月29日經商字第10200127950號函）。

作為公司獨立董事，我可以查閱何種資訊？

　　依據證券交易法（下稱證交法）第14-4條第4項規定：公司法第218條第1、2項之規定，對審計委員會之獨立董事成員準用之。法律規定準用的結果就是獨立董事和監察人具有相同的查閱權，「得隨時調查公司業務及財務狀況，查核、抄錄或複製簿冊文件，並得請求董事會或經理人提出報告」，蓋公司如設置審計委員會替代監察人，公司已無監察人之設置，故由獨立董事（審計委員會之成員）行使監察人原有的資訊查閱權，因此亦享有相當廣泛的資訊權。至於已設有獨立董事但尚未設置審計委員會的公司，由於公司仍有監察人，其獨立董事則無法準用監察人查閱權之規定。

　　此外，為強化獨立董事的權限，於2018年增訂證交法第14之2條第3項規定：「公司不得妨礙、拒絕或規避獨立董事執行業務。獨立董事執行業務認有必要時，得要求董事會指派相關人員或自行聘請專家協助辦理，相關必要費用，由公司負擔之。」賦予獨立董事聘請專家協助執行業務的權利。

在我國現行公司法與證券法制下，就公司股東、監察人以及審計委員會成員之獨立董事的資訊查閱權，均有明文規範；且監察人與獨立董事均享有相當廣泛的查閱權，亦即為執行職務，基本上可以查閱所有與公司財務、業務相關的簿冊文件。然而，關於公司普通董事是否具有查閱公司財務、業務資訊的權利，我國公司法卻 欠缺明文規定。2018年公司法修正草案第193-1 條規定「董事為執行職務，得隨時查閱、抄錄或複製公司業務、財務狀況及簿冊文件，公司不得妨礙、拒絕或規避。」惟2018年8月1修正公布之公司法，因顧忌中 資、市場派鬥爭及營業秘密保護等原因而將該條草案刪除[10]。

然而，董事作為公司之當然負責人（公司法第8條第1項參照），應忠實執行業務並盡善良管理人之注意義務，如其無適當管道取得公司資訊，如何善盡其受任人義務？董事在資訊不足的情況下做成決策，如何提升公司治理的品質？雖然公司法第193-1條草案被刪除，但董事取得資訊在實務操作上顯具有相當重要性，其爭議並不因草案的刪除而畫下句點。在欠缺法律明文規定的情況下，本章即嘗試經由我國法院實務判決的分析，就未來董事資訊權相關實務運作與爭議提供重要之參考。

茲就我國董事資訊權所產生的主要爭議，分析並整理如下：

---

10 刪除的主要理由是企業界擔心一旦通過，中資就可輕易把台灣企業的營業秘密 COPY 出去；且若公司派、市場派鬥爭，市場派只要弄一席董事進去查帳、看營業秘密，勒索、每天互告。請參閱「朝野交鋒，普董查閱權未過」，自由時報，2018 年 7 月 7 日，http://news.ltn.com.tw/news/focus/paper/1214753，最後瀏覽日：2018 年 7 月 10 日。

問題一：

董事可否查閱股東得查閱的資料，即章程、歷屆股東會議事錄、財務報表、股東名簿及公司債存根簿？

我國法院目前普遍肯定董事可以查閱股東依據公司法第 210 條可得查閱之資訊，包括章程、歷屆股東會議事錄、財務報表、股東名簿及公司債存根簿。

經濟部於民國 94 年之函釋表示：「按董事為股份有限公司之負責人，應忠實執行業務並盡善良管理人之注意義務，如有違反致公司受損害者，負損害賠償責任（公司法第 8 條及第 23 條參照）；依本部 76 年 4 月 18 日商第 17612 號函釋略以：『董事會就其權限言，對公司有**內部監查權**，為使內部監查權奏效，身為董事會成員之董事，如為執行業務上需要，依其權責自有查閱、抄錄公司法第 210 條第 1 項章程、簿冊之權』。基此，董事為執行業務而依其權責自有查閱或抄錄公司法第 210 條第 1 項有關章程、簿冊之權，公司尚不得拒絕之。至於查閱或抄錄應負保密義務，自是董事忠實執行業務及盡善良管理人義務範疇[11]。」

循此函釋，我國法院多認為董事基於其內部監查權，得依公司法第 210 條第 2 項規定，檢具利害關係證明文件，指定範圍，隨時請求查閱章程、歷屆股東會議事錄、財務報表、股東名簿及公司債存根簿。例如，在晉燁案中法院表示「股東得依公司法第 210 條第 2 項規定，檢具利害關係證明文件，指定範圍查閱或抄錄股東名簿。惟查閱或抄錄之範圍不包括董事會議事錄。董事會就其權限言，對公司有內部監查權，為使內部監查權奏效，身為董事會成員之董事，**如為執行業務上需要，依其權責自有查閱、抄錄股東名冊之權。**原告既為晉燁公司之董事，如為執行業務上需要，依

---

[11] 經濟部 94 年 7 月 5 日經商字第 09409012260 號函。類似見解經濟部 76 年 4 月 18 日商字第 17612 號函。

其權責自有查閱、抄錄歷屆股東會議事錄、資產負債表、股東名簿及公司債存根簿之權，自得依公司法第 210 條第 2 項規定，檢具利害關係證明文件，指定範圍，隨時請求查閱或抄錄，殊無另依公司法第 202 之規定，聲請法院判決被告晉燁公司應備置章程、簿冊供其查閱、抄錄之必要[12]。」

問題二：
────

董事可否主張（類推）適用監察人之規定或基於法理，享有廣泛之資訊權，查閱公司業務及財務狀況之簿冊文件？如關係人交易的契約、收入與支出明細帳、傳票簿、進銷項原始憑證等？

由於公司法對於普通董事查閱權的範圍並無明文規定，就此問題，經濟部在 2018 年修法刪除普通董事資訊權草案條文後表示「按董事為公司負責人，應忠實執行業務並盡善良管理人之注意義務，如有違反致公司受損害者，負損害賠償責任（公司法第 8 條及第 23 條參照），董事依其權責自有查閱、抄錄公司法第 210 條第 1 項章程、簿冊之權。**且其所得查閱、抄錄或複製簿冊文件的範圍，當大於股東及債權人所得查閱、抄錄或複製之範圍，原則上不宜有過多的限制**[13]。」。

然而，法院對於董事可否（類推）適用監察人之規定，查閱公司相關業務及財務等簿冊文件或原始憑證等資料，則呈現分歧的見解。

採否定見解者，如台北地方法院在翊昌案表示：「股份有限公司營業上使用之收入傳票、支出傳票及轉帳傳票，係於執行公司平日業務時隨時登錄之傳票資料，銀行存摺則為紀錄公司存、提、匯款紀錄之資本證明，本不具「財務報表」之性質。故公司之營利事業所得資料、平日用以紀錄營業活動之傳票、會計帳簿、原始憑證、記帳憑證及公司銀行存摺等文件

---

12 南投地方法院 106 年訴字第 126 號民事判決，民國 107 年 4 月 23 日。
13 經濟部 108 年 1 月 29 日經商字第 10800002120 號函。

自非屬商業會計法第 28 條及公司法第 210 條第 1 項、第 228 條第 2 款所揭櫫「財務報表」之範疇。…是有關公司「檢查業務帳目及財務狀況」，依據前揭公司法第 218 條、245 條之規定，僅能由監察人或檢查人為之，一般股東或董事則不具此一權限。...... 公司法賦予監察人及檢查人對於公司之特定文件有查閱之權限，並未明文賦予董事有此類似權限；且類推適用係在法無明文，法有缺漏時，相似情況予以類推適用，106 年 05 月 08 日公（預）告之公司法部分條文修正草案雖增訂第 193 條之 1 第 1 項「董事為執行業務，得隨時查閱、抄錄或複製公司業務、財務狀況及簿冊文件，公司不得妨礙、拒絕或規避」之規定，然經立法院院會討論後以「與現行監察人之職權重複」、「容易遭公司派系鬥爭利用而增加訟累，妨害公司營運、產業進步」等為由，而決議刪除，不予增訂，此有 107 年 7 月 6 日立法院院會紀錄在卷可參，足見就股份有限公司之董事無查閱、抄錄或複製簿冊文件之權乙節，係立法者有意排除，則原告即無本於董事或類推適用公司法第 218 條第 1 項規定，請求查閱附表二所示文件之餘地[14]。」

　　同案之高等法院亦認為「依公司法第 218 條、第 245 條之規定，有關公司『檢查業務帳目及財務狀況』僅能由監察人或檢查人為之，一般股東或董事不具此一權限。公司法並未明文賦予董事有類似監察人及檢查人對於公司之特定文件有查閱之權限，而公司法第 218 條第 1 項規定，係立法有意排除董事關於查閱、抄錄或複製公司業務、財務狀況等簿冊文件之權限，非屬法律漏洞，其意在避免董事僭越監察人權利，造成董事及監察人之權責不明，混淆兩者對於公司之角色與功能，不符公司分權模式，自無類推適用公司法第 218 條第 1 項規定，允以董事行使與監察人相同監察權之餘地。上訴人主張類推適用公司法第 218 條第 1、2 項之規定，及本於公司與董事間之委任關係，請求被上訴人提供如附表一、二『文件名稱』、

---

14 台灣臺北地方法院 108 年訴字第 2952 號民事判決，民國 108 年 12 月 6 日。

『請求範圍』欄所示之文件，亦不可取 [15]。」

易言之，法院持否定見解之理由乃基於公司法並未賦予董事檢查公司業務帳目及財務狀況之權限；且為避免董事僭越監察人權利，混淆董事與監察人之角色與功能，故係立法者有意排除董事之查閱權。

然而，董事經營公司且為公司之負責人，卻無適當資訊管道取得公司資訊，如何善盡其受任人義務？此等否定見解乃拘泥於法條未明文的僵化限制、無視董事執行業務需要資訊的現實，且與國外法制做相反解釋，若公司動輒拒絕董事查閱公司資訊，將如何提升公司治理之品質？

所幸，最高法院在謙慧案中明確採取肯定見解，認為即使公司法並無明文，董事仍得享有相當廣泛的查閱權：「按依公司法第 8 條第 1 項及第 23 條第 1 項規定，董事為股份有限公司負責人，於執行職務時對公司負有忠實義務與注意義務，如有違反致公司受有損害者，應負損害賠償責任。公司法第 202 條復明定公司業務之執行，除公司法或章程規定應由股東會決議之事項外，均應由董事會決議行之。……是**董事如因執行業務之合理目的需要，為善盡上開義務，自應使其取得於執行業務合理目的必要範圍內之相關公司資訊，此乃董事執行職務所必然附隨之內涵，而屬當然之法理。董事之資訊請求權既係緣於其執行職務之本質所生，與股東權之行使無涉，其範圍當非以公司法第 210 條規定為限，然董事之資訊請求權乃以受託義務為基礎而生，則其所得請求查閱、抄錄之資訊應以其為履行執行職務之合理目的所必要者為限，且董事就取得之公司資訊仍應本於忠實及注意義務為合理使用，並盡相關保密義務，不得為不利於公司之行為。倘公司舉證證明該資訊與董事之執行業務無涉或已無必要，或董事請求查閱抄錄該資訊係基於非正當目的，自得拒絕提供** [16]。」

---

15 臺灣高等法院 109 年度上字第 83 號民事判決，民國 109 年 5 月 13 日；類似見解者，臺灣高等法院 107 年度重上字第 541 號民事判決 (謙慧案)，民國 107 年 12 月 28 日。

16 最高法院 109 年台上字第 1659 號民事判決，民國 109 年 7 月 23 日。

最高法院並再度於翊昌案重申相同意旨，並補充說明「**董事之資訊請求權乃以受託義務為基礎而生**，則其所得請求查閱、抄錄之資訊應以其為履行執行職務之合理目的所必要者為限；**此與監察人依公司法第 218 條規定所行使之監察權，或檢查人依公司法第 245 條規定所行使之檢查權，本質上仍有不同 [17]。**」

另最近高雄地方法院 109 年判決亦採相同見解，其肯認董事資訊請求權之理由除前述論點之外，另表示「董事所擁有之內部監察權，與監察人所擁有者，在性質與內涵上均有相當差異，**監察人之監察權並無法取代董事附隨於業務執行所生之監督職能。**」「為期董事能善盡此等受託義務，為履行董事之受任人義務，於職務範圍、正當目的之必要性原則下，應肯認公司董事有資訊請求權，使董事能獲得並知悉與執行業務相關之各種資訊及文件。**若董事所索取者涉及公司營業秘密的情況，例外加以排除或限制即可，否則如董事已有指定特定範圍之資訊及文件，原則上應同意董事有索取非機密資訊之權利 [18]。**」。

最高法院對於董事資訊請求權採肯定的見解，本文認為應予高度贊同。蓋為避免產生混淆董事與監察人角色等爭議，最高法院乃另闢蹊徑，認為董事具有查閱權的基礎是「董事執行職務所必然附隨之內涵，而屬當然之法理」，既然是「當然的法理」，就不需要有法律明文規定，也就不需要「準用」或「（類推）適用」公司法有關監察人之規定。然而，最高法院也特別強調，董事資訊查閱權並非毫無限制，必須「以其為履行執行職務之合理目的所必要者為限」、「本於忠實義務及注意義務為合理使用」，且有「保密義務」、「不得為不利於公司之行為」；此外，公司可以舉證證明董事查閱權的請求，與其執行業務無關或已無必要，或非基於正當目的，進而拒絕提供董事相關資訊。

---

17 最高法院 110 年台上第 539 號民事判決，民國 110 年 3 月 17 日。

18 臺灣高雄地方法院 109 年度訴字第 1355 號判決，民國 110 年 05 月 13 日。

補充：美國法關於董事資訊查閱權之規範

　　美國德拉瓦州公司法(Delaware General Corporation Law)第220條(d)項規定，董事得基於其身為董事地位相關之合理目的，查閱公司股份交易明細(stock ledger)，股東名簿(list of stockholders)與其他表冊記錄(books and records)。於此情形，公司應負舉證責任以證明該董事行使查閱權乃具備不正當目的(improper purpose)，而衡平法院得依其裁量權限制董事查閱權之行使、附加行使條件，或其他法院認為適當的救濟。

　　美國模範商業公司法(Model Business Corporation Act)第16.05條(a)項規定「公司董事有權在任何合理的時間，就與其執行董事義務（包括其作為委員會成員）合理相關的範圍內，查閱並複製公司之帳簿、記錄與文件，但不得以會違反其對公司義務之其他目的或以其他方式為之。」此外，同條（ｂ）項規定若公司拒絕董事查閱之請求，除非公司能舉證證明董事無權主張查閱，否則董事得申請法院命令公司提供查閱並複製該等帳簿、記錄與文件，並由公司負擔該等費用。

　　詳言之，模範商業公司法第16.05條(a)項基本上賦予董事行使查閱公司帳簿、記錄及文件之權利，若該帳簿、記錄及文件係有關(1)公司遵行相關法律；(2)公司內部控制制度就提供正確與及時財務報表和揭露文件之適當性；或(3)公司資產之適當運作、維持與保護。此外，董事於董事會考慮與決策相關事項之範圍內，有權查閱公司記錄和文件。而第16.05條(b)項提供董事請求法院以加速的程序(on an expedited basis)允許其行使查閱權。對於董事行使查閱權，法院多賦予董事相當大

的範圍與裁量權，且公司就法院不應同意董事行使查閱權之主
張，必須負舉證責任。董事查閱權被拒絕之可能情形包括：(1)
與董事義務之履行不具合理關聯性，例如董事欲請求與履行董
事義務不必要之特定機密文件；(2)對公司造成不合理的負擔或
費用，例如董事所要求者係已經提供的資訊，或造成公司過度
昂貴之成本及耗費時間；(3)違反董事對公司之義務，例如可以
合理的期待董事於本身交易或與第三人交易中會使用公司機密
資訊；或(4)違反相關法律。

問題三：

董事可否查閱其就任前的公司資訊？

董事資訊查閱權的行使，是否受到其任期的限制？換言之，董事可否
查閱其就任前的相關公司資訊？就此問題，我國法院尚未有一致的見解。

例如，高等法院在晉燁 B 案中認為「上訴人同年 6 月 17 日被選任為
董事後，為行使董事內部監察權限及編製會計表冊之需要，而有查閱上開
章程及簿冊文件之必要，**亦應係其董事任期即 105 年 7 月 3 日至 108 年 7
月 2 日期間之相關簿冊文件，始可認為與其業務執行有關**。乃上訴人竟要
求晉燁公司提供 102 年至 104 年度間之如附表二編號 2 聲明內容所示之
資料供其查閱，自難認有何必要 [19]。」即認為董事僅能查閱其任期中的相
關資訊，且該法院進一步表示「至上訴人請求晉燁公司提供 105 年度及至
106 年 7 月 1 日以前之如附表二編號 2 聲明內容所示各該資料供其查閱部

---

19 臺灣高等法院臺中分院 107 年上字第 327 號民事判決，民國 108 年 6 月 4 日。

分，因迄至本件 108 年 5 月 7 日言詞辯論終結時止，晉燁公司 105 年度及 106 年度之會計表冊於各該會計年度終了時，應早經晉燁公司董事會編造完竣，並已提出予監察人查核，且已提出於 106 年度、107 年度之股東常會請求股東會承認通過，視為公司已解除董事及監察人之責任，則上訴人有何業務執行需要致有查閱該等資料以保護其權益之必要，並未見上訴人加以舉證證明……[20]」，乃認為業經「股東會通過」的會計表冊，董事執行該職務的義務已終了，而無賦予查閱權之必要。

在新世鑫案，法院則採取更嚴格的見解：「由於董事任期僅到 106 年 6 月 30 日，而 106 年度財務報表等表冊之編造，係於 106 年會計年度終了後始得編造，故編造 106 年度財務報表非屬於原告執行被告董事之業務範圍，因而認定原告請求 106 年 1 月 1 日起至同年 6 月 26 日止之營利事業所得資料、銀行存摺、會計帳簿、商業會計憑證，無理由。」上開法院見解認為董事請求之文件的時間符合擔任董事之任期，然其取得文件之目的係為編造表冊，故亦須加入編造表冊之時點，以判斷是否符合執行職務。

惟有法院採不同的見解，在東震案法院認為「惟鑑於公司業務之不法或錯誤行為多具有接續性，或其損害之結果係肇因於過去之行為，若因原告擔任董事之時點在後，即限制其查閱權之行使範圍，將難以劃分責任歸屬。準此，原告查閱公司財產文件、帳簿、表冊之權利，自不能以其擔任董事之日決定其查閱之範圍[21]。」明確表示基於公司業務的接續性，董事查閱權的範圍，自不能以其擔任董事的任期為限。

本文認為，董事為執行職務之目的，有瞭解其擔任董事前公司的財務業務狀況之必要，應得查閱其就任前之公司相關資訊；換言之，公司現在的財務業務狀況乃過去繼續經營累積的結果，董事若不能「鑑往」，何以「知今」或「知來」？故董事資訊權的查閱範圍不應單純以其「任期」為

---

20 同前註。
21 臺灣南投地方法院 107 年度訴字第 468 號民事判決，民國 108 年 8 月 30 日。

限制，而仍應回歸是否具有執行職務之正當性、必要性與合理性為判斷。

問題四：

董事未取得足夠資訊所為的董事會決議效力？

公開發行公司董事會議事辦法第 5 條第 2、3 項規定：「議事單位應擬訂董事會議事內容，並提供充分之會議資料，於召集通知時一併寄送。董事如認為會議資料不充分，得向議事事務單位請求補足。董事如認為議案資料不充足，得經董事會決議後延期審議之。」明文規定公司應提供董事充分的會議資料，倘公司提供的資料不足，董事得要公司補足相關資料，若公司仍未提供充足的資料，董事可以要求延期審議該議案，待資料補足後下次董事會再行討論。惟倘公司仍執意不補足資料且欲如期進行董事會決議，依據公司法第 193 條規定：「董事會執行業務，應依照法令章程及股東會之決議。董事會之決議，違反前項規定，致公司受損害時，參與決議之董事，對於公司負賠償之責；但經表示異議之董事，有紀錄或書面聲明可證者，免其責任。」此時董事為避免在資訊不充分的情況下做成決議而可能負擔日後的相關賠償責任，得表示異議，請求公司記錄而得以主張免責。

又，倘公司未提供董事充足的資訊所做成的董事會決議，是否有瑕疵？該董事會效力如何？就此一問題，法院見解目前並無定論。

有認為於此種情形，董事會決議無效。例如三陽案[22]「董事會之召集程序有瑕疵時，該董事會之效力如何，公司法雖未明文規定，惟董事會為公司之權力中樞，為充分確認權力之合法、合理運作，及其決定之內容最符合所有董事及股東之權益，應嚴格要求董事會之召集程序、決議內容均

---

22 臺灣新竹地方法院 102 年訴字第 224 號民事判決，民國 103 年 4 月 30 日。彰化地方法院由仁案亦採相同見解，台灣彰化地方法院 106 年訴字第 764 號民事判決，民國 106 年 10 月 3 日。

須符合法律之規定，如有違反，應認為當然無效（最高法院 99 年度臺上字第 1650 號、97 年度臺上字第 925 號判決意旨）……董事會為公司決策之核心機關，董事職務貴在專責、迅速決策討論公司重大經營事項，於每次董事會召集前，應早日提供相關會議資料，令其可以於詳細會議資料後，踴躍到場參與並充分討論，期能充分收集思廣益之效。故於召集董事會時，議事單位應事先擬訂會議議程與議事內容，並將相關之會議資料，一併連同召集通知寄送至各董事及監察人，始符上開規範。……揆之上開說明，**實難認被告公司於召開系爭董事會就擬議議程第二案「本公司設立股務室自辦股務」提供充分議事資料，故系爭董事會第二案之決議應認違反公開發行公司董事會議事辦法第 5 條之規定而構成召集程序之瑕疵，且該瑕疵無法事後加以補正或治癒。原告主張系爭董事會會議第二案決議之召集程序違反法令，而屬當然無效，即屬有據。」**

不過近期法院對此一問題，似乎採取較寬容的見解。在乖乖 A 案，台北地方法院認為「依照公司法第 202 條無法導出被告負有提供原告所要求各項資料之義務，**故縱被告未事先提供原告要求之資料，即召開董事會，亦無從認為董事會之召集程序有違法並因此導致決議無效[23]。」**於乖乖 B 案中，台灣高等法院認為「然張貴富未提出乖乖公司召集系爭董事會前應事先提供何項文件予董事之法令依據，且其斯時除得基於董事身分向乖乖公司申請查閱、抄錄或複製外，**如認資訊不足亦可實際出席系爭董事會參與討論，而非無當場閱覽相關文件資料之機會。張貴富未舉證證明提供如附表 2 所示文件係乖乖公司召集系爭董事會之法定程序，自難認屬系爭董事會召集程序違法。又乖乖公司寄發系爭董事會之開會通知書符合公司法第 204 條規定，召集系爭董事會亦無必須同時提供如附表 2 所示文件之法定程序要件**，而無張貴富所指召集程序違法之事由存在，均如前述，且張貴富係於系爭董事會開會前即收受開會通知書卻未實際出席，自難認乖乖

---

23 臺灣臺北地方法院 108 年訴字第 2430 號民事判決，民國 109 年 1 月 9 日。

公司召集系爭董事會有何違反誠信原則或權利濫用之情事[24]。」

近期法院見解認為董事資訊不足並不會因此構成董事會召集程序之瑕疵而導致決議無效，或許是考量董事會決議無效的結果影響重大，且該無效的主張並無期間限制，可能產生多年後仍得主張該董事會決議無效，而產生後續交易安全或第三人信賴董事會決議有效等善意保護的問題。本文以為，從董事於決議時資訊是否「充分」可能有所爭議而不易認定，且公司所提供資訊是否充足屬公司內部自治事項，第三人難以從外觀判斷之交易安全與善意保護而言，近期法院之見解似尚屬妥適。

問題五：

董事行使查閱權應負有保密義務？

關於董事行使資訊查閱權的保密義務，經濟部曾有函釋表示：「董事為執行業務而依其權責自有查閱或抄錄公司法第 210 條第 1 項有關章程、簿冊之權，公司尚不得拒絕之。**至於查閱或抄錄應負保密義務，自是董事忠實執行業務及盡善良管理人義務範疇**[25]。」

前述謙慧案與翊昌案，最高法院見解亦明確表示「董事之資訊請求權乃以受託義務為基礎而生，則其所得請求查閱、抄錄之資訊應以其為履行執行職務之合理目的所必要者為限，且**董事就取得之公司資訊仍應本於忠實及注意義務為合理使用，並盡相關保密義務，不得為不利於公司之行為。倘公司舉證證明該資訊與董事之執行業務無涉或已無必要，或董事請求查閱抄錄該資訊係基於非正當目的，自得拒絕提供。**」

換言之，我國公司法對於董事的保密義務雖無明文規範，但基於董事

---

24 臺灣高等法院 108 年度上字第 1093 號民事判決，民國 109 年 2 月 25 日。
25 經濟部 94 年 7 月 5 日經商字第 09409012260 號函。

對公司負有受任人之忠實與注意義務，自應就其查閱所得之公司資訊，負有保密義務，如董事將該等資訊洩漏出去而造成公司之損害，必須負擔相關損害賠償責任。又倘董事查閱之資訊涉及公司營業秘密，公司得舉證證明董事就該營業秘密的查閱並無正當目的而拒絕之。

此外，公司亦得於提供董事相關資訊時，要求董事簽署保密契約，清楚約定相關權利義務。

補充：卸任董事可否行使查閱權？

卸任董事既然已經非公司董事，無執行職務之需求，何以會要求行使資訊查閱權？實務上，卸任董事行使查閱權多係發生於卸任後涉訟之情形。美國德拉瓦州傾向不賦予卸任董事查閱權，然紐約州的判決則普遍肯認卸任董事在一定條件下，如涉訟或即將涉訟，必須行使查閱權以準備其抗辯主張，有保護個人利益之必要性，仍可行使查閱權。（李意茹，論股份有限公司之董事資訊權，2021）

我國法院實務上目前尚未發生卸任董事行使查閱權的相關爭議。若法院認為董事的查閱權必須與其身分相連結，則卸任後之董事，恐無法行使查閱權，或僅能於同時具備股東身分時行使股東的查閱權（但查閱客體受到公司法第210條的限制）。因此，建議董事於任期內執行職務期間，相關文件、資料與工作記錄，均應予以保留。此外，董事或可於訴訟中主張依據我國民事訴訟法書證提出的相關規定，透過法院要求公司提出相關證據，包含公司簿冊文件等，以維護自身權益。

參、對董事執行職務之建議

一、董事可請求查閱章程、歷屆股東會議事錄、財務報表、股東名簿及公司債存根簿

分析我國法院關於董事查閱權的見解可知，目前法院對於董事得依公司法第210條規定查閱「章程、歷屆股東會議事錄、財務報表、股東名簿及公司債存根簿」五種文件是最沒有爭議性的，此一權利並不會因為公司法第193-1條草案（普通董事查閱權）被刪除而受有影響。

二、依據近期最高法院見解，董事基於其受任人義務，於執行職務之合理目的範圍內，得查閱公司其他財務業務文件，如關係人交易契約、原始憑證等

董事欲查閱上述五種文件以外的公司其他財務、業務文件，例如商業會計憑證、稅務資料、關係人交易契約等，因欠缺法律明文，法院判決呈現分歧的見解，但109年謙慧案和110年翊昌案兩則最高法院的見解，均認為董事之資訊請求權乃以受任人義務為基礎而生，無待法律明文規定，即得請求查閱、抄錄其為履行執行職務之合理目的所必要之財務業務文件與資訊。

三、董事行使查閱權所取得的公司資訊，應為合理使用，並盡保密義務

董事就取得之公司資訊仍應本於忠實及注意義務為合理使用，並盡相關保密義務，不得為不利於公司之行為。倘公司舉證證明該資訊與董事之執行業務無涉或已無必要，或董事請求查閱抄錄該資訊係基於非正當目的，公司得拒絕提供。

四、董事應要求公司在董事會開會七日前提供會議資料，如有不足，得請求補足或延期審議；必要時，得表示異議並載明於會議記錄

董事注意義務的內涵，包括董事應在資訊充分的情況下做成決策
(informed decision)。公開發行公司董事會召集通知及會議資料，應
於開會七日前通知並寄送予董事。依據公開發行公司董事會議事
辦法第5條之規定，董事如認為會議資料不充分，得向議事事務單
位請求補足；董事如認為議案資料不充足，得經董事會決議後延
期審議之。倘公司拒絕提供董事做成決議充足的資訊，董事得依
公司法第193條第2項但書之規定「表示異議」並「有紀錄或書面
聲明」證明，以避免日後可能的相關法律責任。

五、董事於任期中執行職務，應保留相關文件、資料與工作記錄

董事於任期內執行職務，相關文件、資料與工作記錄，均應予以
保留。倘卸任後因執行職務涉訟，董事可於訴訟中主張依據我國
民事訴訟法書證提出的相關規定（民事訴訟法第342條至第349條
參照），透過法院要求公司提出相關證據，包含公司簿冊文件
等，以維護自身權益。

實務專家評論—《董事資訊權》

林純正

中華公司治理協會理事

　　由於大部分非內部董事的董事會成員，通常在公司的時間，都是董 事會開會期間，因此董事取得公司的資訊，大都是因法令規範公司必須提供或議事必要的資料，但是這些資料有時候不足以讓董事對公司產生的問題有全面的了解，因此董事為有效行使職務，在正當的目的與合理的範圍下，是需要經營團隊提供更詳盡的資訊，以協助董事執行應有的職責，所以資訊權是董事行使職權的重要工具。

　　目前主管機關為協助董事資訊權的運用，因而規定公司必須制訂相關規範如：董事會會議資料必須於7日前交付董事、必須設置公司治理主管協助董事執行業務、建立「處理董事要求之標準作業程序」，以規範董事交辦事宜的處理等。但是這些規範並沒有明確董事在什麼情況下，可以取得什麼資訊?

　　因此，以下就個人擔任董監事的經驗，分享資訊權運用的情形：

一、董事會會議期間

　A. 報告案

　　　a）產業特性產生的財務科目異常時：例如：標案型的公司在應收帳款/在建工程金額異常，且影響公司現金流量，於董事會直接請稽核主管針對各標案合約的驗收、應收帳款與在建工程進行合理性查核，並於會後一週內報告等。

　　　b）對於耗用公司較多資源，並對公司未來營運有重大影響的專案：如建廠、重大研發項目、策略性投資、併購後管理

等，定期於董事會進行報告，報告內容為進度追蹤、預估效益等之差異分析。

B. 決議案補充資料

一般決議案會要求資料補充，大都是與公司權益相關的議案，例如：對於投資價格合理性的佐證資料，與投資風險的評估資料，但是大部分的投資案的資料，都會忽略風險評估的資訊。

二、董事會會議期間外交辦事件：

A. 如發生產業環境異常變化或時事案件時

例如：於COVID-19疫情初期，請公司進行影響分析，並盡速報告；如果影響過大，即請董事長召開董事會檢討修正預算。

B. 稽核報告的稽核缺失產生的延伸資訊要求：

例如：薪工循環所產生的缺失，或許與制度的設計有關，因此請稽核主管進行更深入的探討，以確保內控制度的有效性。

三、建立偶發重大資訊的告知：由於大部分董事並非經常在公司，對公司偶發重大資訊，並無法即時取得，董事亦屬於公司的內部人，因此應建立公司偶發重大資訊的通報系統，使董事能即時了解公司狀況。

董事參與公司的經營是希望能對公司有所協助，不論在指導公司策略擬訂或督導提升營運績效的協助，董事必須要保持獨立、公正的立場。因此對董事如何於公司建構友善的環境，以利董事業務的執行，建議：

A. 不摻合任何派系運作
B. 建立專業的形象

C. 了解公司對董事的期許
D. 建立與管理階層及董事間的互動模式

董事為有效行使資訊權，必須建立在行使董事職權的專業性上，同時也必須對公司特性與產業環境有一定程度的了解，才能夠確切取得有效性的資料，以充分發揮董事職權，因此董事須掌握以下資訊：

A. 公司發展過程
B. 所處產業發展狀況
C. 與同業間的競爭處境
D. 公司定位與經營策略
E. 公司整體營運狀況（含關係企業）

董事取得資訊的目的：1.協助董事於董事會議案上，做出公司最大利益的決議；2.督導管理階層於公司營運管理上更為確實有效。因此董事在執行資訊權時，必須謹守注意義務與忠實義務的立場；同時，公司經營的相關資訊，或許會涉及營運機密問題，因此董事在資訊取得後，也必須善盡保密義務。

—— 第二章 ——

董事注意義務

張心悌

國立臺北大學法律學系教授

金融監督管理委員會裁罰案件

一、 裁罰時間：103年4月11日

二、 受裁罰之對象：幸福人壽保險股份有限公司

三、 裁罰之法令依據：保險法第149條第1項、第2項、第168條第4項，及第171條之1第4項等規定。

四、 違反事實理由：

（一） 該公司辦理國內衍生性金融商品交易仍發生未留存相關文件及未符避險目的等相同缺失事項，核與保險法第146條第8項授權訂定之「保險業從事衍生性金融商品交易管理辦法」第3條第1項第3款及第12條規定不符。

（二） 該公司辦理不動產合建開發，有變更調整合建契約收益回收方式，自銷售房地及車位所得價款調整為固定收益金額，核與保險法第146條之2第2項有關保險業不動產之取得及處分，應經合法之不動產鑑價機構評價之規定，及保險法第146條之7第1項授權訂定之「保險業對同一人同一關係人或同一關係企業之放款及其他交易管理辦法」第4條所定同一人單一交易限額規定不符。

（三） 該公司內部控制制度經查亦有多項缺失，例如：投資國內股票有未經授權且非帳戶經理人指示交易人員下單、聘用外部顧問程序未符所定「組織規程」、聘用對象未符所定「專業顧問委任辦法」之資格條件、公司部分辦公場所及人員於大部分工作時間辦理董事長所屬事業之

事務，影響公司業務營運及人力資源、公司章程未明訂
設置駐會董事及常駐監察人即逕行設置、辦理衍生性金
融商品交易之績效評估及風險評估報告有未依所訂內控
制度定期（每月）向董事會報告、從事避險目的之衍生
性金融商品交易尚未依個別交易對手的信用狀況，訂定
交易額度限制，且未有定期控管紀錄之情事，及辦公室
裝潢修繕採購作業經查有未依公司所訂「採購作業管理
辦法」辦理等缺失事項；均核與保險法第148條之3第1
項授權訂定之「保險業內部控制及稽核制度實施辦法」
第5條、第24條及第34條規定不符，且有保險法第149條
第1項規定有礙健全經營之虞等情事。

（四）近年本會對該公司進行金融檢查，屢查有資金運用、公
司治理及內部控制缺失有違反保險法令情事，甚有再次
發生相同缺失情形及違反本會裁處限制事項等不當情
事，該公司應確實對歷次檢查報告缺失情節予以檢討改
正，以避免再次發生相同缺失及應恪遵本會裁處書限制
事項，惟本次專案檢查報告仍查該公司有發生相同缺失
情事，董事會負有督促公司健全經營之責任，卻僅就本
次專案檢查報告歷次提報董事會報告缺失改善辦理情形
表示「洽悉」，未能顯示董事會有就檢查報告屢經本會
核有尚未完成缺失改善情形予以督促公司儘速改正之積
極作為，董事會未善盡監督責任之事實明確，實難辭其
咎。

壹、前言

「受人之託，忠人之事」，公司之董事、監察人、經理人等受公司委任擔任公司負責人，對公司負有受任人義務(fiduciary duty)。我國公司法第23條第1項規定：「公司負責人應忠實執行業務並盡善良管理人之注意義務，如有違反致公司受有損害者，負損害賠償責任。」為董事受任人義務之具體規範。董事受任人義務之類型，包括忠實義務(duty of loyalty)與注意義務(duty of care)。「忠實義務」主要係處理「利益衝突」的問題，即董事為公司處理事務時，應以委任人（即公司）的最大利益為出發點，不能將自己或第三人的利益置於公司利益之前；「注意義務」乃處理董事在作決策時是否審慎評估，是否有過失等情形。倘董事違反其受任人義務而導致公司受有損害，其必須對公司負擔相關損害賠償責任。董事之受任人義務，為公司治理重要的核心內涵之一。

本章聚焦於受任人義務中的「注意義務」，至於「忠實義務」則另於他章討論之。受任人義務源自於英美法且其體系建構與法院判決發展較為成熟，而我國有關受任人義務的具體應用和法院判決，尚在學習成長階段，因此美國德拉瓦州有關受任人注意義務的內涵與法院相關判決，具有相當之參考價值。

何謂善良管理人之注意義務？

　　最高法院79年度台上字第1203號民事判決表示：「注意義務，係指公司負責人作決策時要審慎評估，不可有『應注意而不注意』之過失的情形，亦即**作決策者要盡到各種注意之能事**。至於善良管理人之注意，係指**社會一般誠實、勤勉而有相當經驗之人，所應具備之注意，乃客觀決定其標準，至於行為人有無盡此義務之知識與經驗，在所不問。**」

問題一：

董事未自公司領取任何報酬或酬勞（即無償擔任董事），其注意義務標準是否有所不同？

　　按公司法第 192 條第 5 項規定，董事與公司之間為「委任」之法律關係。而我國民法第 535 條規定：「受任人處理委任事務，應依委任人之指示，並與處理自己事務為同一之注意，其受有報酬者，應以善良管理人之注意為之。」由此可知，民法將委任關係中受任人應盡之注意義務標準區分有償（受有報酬）和無償（未受報酬）而異其規定，對於有償的受任人，課予較高的注意義務，即「善良管理人注意義務」；對於無償的受任人，則課予較低的注意義務，亦即「與處理自己事務同一的注意義務」。然而，應強調的是，**我國公司法第 23 條規範並未區分董事是否受有報酬或酬勞，皆要求董事必須以較高的注意義務標準，即「善良管理人」注意義務執行其職務**，以維護公司、股東與其他利害關係人之權益。

問題二：
————

董事可否以不具備判斷公司決策的專業背景為理由（例如：具法律專業的
董事主張看不懂財務報告），而主張毋庸負擔因該決策結果對公司所造成
的損害賠償責任？

　　誠如前述最高法院的見解，善良管理人之注意，係指「社會一般誠實、
勤勉而有相當經驗之人，所應具備之注意，乃客觀決定其標準，至於行為
人有無盡此義務之知識與經驗，在所不問。」易言之，**法院係採取客觀的
標準，以判斷董事有無違反其注意義務**，至於董事是否具有相關決策所需
的知識或經驗，並非法院關注之重點，因此董事不得以其不具備財務、會
計等專業知識，而主張對於公司之不實財務報告免負相關之賠償責任。

貳、基本概念介紹

董事之注意義務，強調的是董事於決策過程(decision making process)中是否有過失，而非以決策結果是否對公司造成損害為判斷。換言之，注意義務著重在董事決策的審議過程，例如：董事在該議案的討論上花了多少時間、決策過程中是否有委請專家等；倘董事審議的議案內容對公司的影響越重大，則更需要思考是否有其他替代方案以供選擇。另外，董事是否盡到注意義務，乃依據個別董事的行為來判斷(on a director-by-director basis)，個別董事尚無法以該議案係董事會集體決策的結果作為抗辯。

董事注意義務的內涵，參考美國法之發展，可以具體化為下列幾個類型，但並不以此為限：一、出席義務；二、詢問義務(duty to make inquiry)；三、資訊充分決策義務(duty to make informed business decision)；四、監督義務(duty to monitor)[1]。由於監督義務將於他章詳述，故本章將著重於前三個義務的說明。

---

1 監督義務在美國法目前的發展係屬忠實義務之下位概念，但我國法院則認為監督義務屬於注意義務之一環。

參、出席義務

　　董事為公司受任人，並以會議體形式（董事會）執行業務，出席董事會乃董事注意義務之最基本要求。我國公司法第205條第1項本文規定：「董事會開會時，董事應親自出席。」是以董事親自出席為最佳的出席方式。此外，如公司章程有規定，董事尚得以每次董事會出具委託書之方式委託其他董事代理出席，或在董事會以視訊會議召開時，以視訊方式參與董事會議。2018年公司法修正時，開放「非公開發行公司」得僅以書面方式行使表決權，而不實際集會，即新增第205條第5項：「公司章程得訂明經全體董事同意，董事就當次董事會議案以書面方式行使其表決權，而不實際集會。」為便利董事出席並提供彈性，現行公司法已有多元的董事出席方式，董事應積極履行其出席義務。

問題三：

公司董事會通過X投資案，因決策失當，造成公司損害。某董事於通過X投資案的該次董事會並未出席，該董事是否得以「未出席」參與該次董事會，而主張毋庸負擔因此所生的損害賠償責任？

　　如前所述，董事會開會時，董事應親自出席，足見董事親自出席董事會議並透過集思廣益、互相討論之方式實際參與公司經營決策、管理，本為董事應盡之職責及義務。故董事無法以未出席通過 X 投資案之董事會而主張免負相關賠償責任。

　　最高法院 106 年台上 2428 號判決亦明確表示：「董事之職責為詳實審認所通過之財報，經由編製財報，及實質審查財務報表等簿冊而達成，**出席董事會為董事之基本義務，倘已接獲通知而未參加開會，即屬未善盡義務**。至監察人發現另案弊端後，董事發言支持查弊，與其未盡基本義務乙節，分屬二事。倘許光成等 2 人已接獲開會通知，則上訴人主張許光成等 2 人未出席決議通過 93 年上半年度財報之董事會，會議前後亦未對財報提出異議；如監察人何佳峻未發動查核權限，不會發現宏傳公司財務異常，是其等未善盡董事職責等語，是否毫無可採，尚非無疑。」

肆、詢問義務

　　詢問義務係指當公司之經營狀況出現某些現象（異常），一個合理之董事基於其功能與責任，應該要對該現象提高注意、提出相關之質疑並進行相關的調查。亦即若公司係在正常狀況下運作，則通常之注意即為已足，但若董事已知悉或經由通常注意即可知悉，公司有某些可疑之狀況存在時，則董事必須提高注意並為合理之調查，且不應將自己侷限於單純被動接收資訊之角色，而必須主動適當的對經理人或專家提出問題，以瞭解其所接收之資訊是否正確與可靠。關於董事合理調查之方法則應視個案具體情況而定，有時以對公司經理人提出質問即為已足，但有時可能必須與公司內部及外部法律顧問、會計顧問或其他專家顧問進行會談，始為恰當[2]。

2　林國彬，董事忠誠義務與司法審查標準之研究─以美國德拉瓦州公司法為主要範圍，政大法學評論，第 100 期，2007 年 12 月，頁 18-19。

伍、資訊充分義務

　　資訊充分義務係要求董事在作成決定前，應先蒐集相關資訊，或
聽取公司經理人或外部專家顧問之專業意見，於提出相關詢問並充分
瞭解後，基於其取得之資訊而作成其決定，始符合「informed」之注意
義務之要求[3]。我國公開發行公司董事會議事辦法第5條第2、3項規定：
「議事單位應擬訂董事會議事內容，並提供充分之會議資料，於召集通
知時一併寄送。董事如認為會議資料不充分，得向議事事務單位請求補
足。董事如認為議案資料不充足，得經董事會決議後延期審議之。」明
文規定公司應提供董事充分的會議資料，倘公司提供的資料不足，董事
得要求公司補足相關資料，若公司仍未提供充足的資料，董事可以要求
延期審議該議案，待資料補足後於下次董事會再行討論。此一條文亦為
董事資訊充分義務的具體規範。惟如公司仍不補足資料且擬就董事會議
案進行表決，依據公司法第193條規定：「董事會執行業務，應依照法
令章程及股東會之決議。董事會之決議，違反前項規定，致公司受損害
時，參與決議之董事，對於公司負賠償之責；但經表示異議之董事，有
紀錄或書面聲明可證者，免其責任。」此時董事為避免在資訊不充分的
情況下做成決議而可能負擔日後的賠償責任，得表示異議，請求公司記
錄而主張免責。

3　同前註，頁 22-23。

董事未盡到資訊充分義務的美國指標案例
Smith v. Van Gorkom

488 A. 2d 858 (Del. 1985)

本案涉及Marmon Group公司欲透過槓桿收購之方式併購Trans Union Corporation（下稱Trans Union）。被告Jerome Van Gorkom，為Trans Union公司之董事長及總經理，在未尋求其他外部財經專家之意見下，即以美金55元之價格同意此一併購案。在此之前，Van Gorkom僅與Trans Union公司之財務長討論過，且未認定Trans Union公司之實際總價值。於董事會討論中，有許多項目未被揭露，包括Van Gorkom所同意之價格的認定方法。

法院認為Trans Union公司之董事有過失，蓋其在未經過實質的調查與尋求其他專家意見之情況下，即通過了併購案，因而違反對股東所負之受任人義務，故無法享有經營判斷法則(Business Judgment Rule)之保障。

法院並進一步表示：「董事在準備做出判斷時須盡到自我充分告知的義務，乃源於其係為所屬公司與股東服務之受任人身分(fiduciary capacity)。惟僅無惡意或無詐欺的情事發生，並不足以滿足受任人身分之要求。身為他人之財務利益代表人，此一身分使得董事被課予一個積極義務，其不僅要對這些財務利益加以保護，並要持續地謹慎評估各種形式以及在各種情況下呈現於眼前的資訊。」

本案為德拉瓦州法院就董事注意義務具體內涵詮釋之重要案件。雖然本案有其事實上的個別特殊性，例如：董事會在很短的時間內決議通過合併案、董事會並未審閱合併相關文件、未就合併進行內部或外部的審慎評估、Van Gorkom在合併案中的強勢主導等，但即使該合併價格有相當程度的溢價，法院仍明確指出「一個缺乏充分資訊下所做成的

決策，董事不能受到經營判斷法則之保護。」從本案判決出爐以後，德拉瓦州法院對於注意義務的相關訴訟，皆將重點置於董事會決議的過程，審查董事於做成決定時是否具有充分的資訊。

本案重點

董事在做成決定前，必須有相關的重要資訊、或聽取公司經理人或外部專家顧問之意見，並進行適當的詢問、充分瞭解後，對於所擬採取的方案或替代方案進行討論，並基於所得之資訊做成決議。再者，在涉及公司經營權變更之重大交易，尋求外部獨立專家意見成為一個必須的標準作業程序。但董事對於該交易的各項資訊仍須有所瞭解和討論，不能僅單純消極地全盤接受專家的意見。

補充：何謂經營判斷法則？

經營判斷法則的存在，是為了保障並促進那些被賦予給德拉瓦州董事之管理權力，能獲得完整且自由的行使。該法則本身是一項「推定」，指出公司董事之行事乃立於充分資訊的基礎，且屬善意，並誠正確信其所為係考量公司之最佳利益。

詳言之，為鼓勵董事會勇於開創並承擔合理之商業風險，避免法院事後猜測(second guessing)董事會決議而予以違法之認定，英美法下發展出所謂的「經營判斷法則（或稱經營判斷法則）」，亦即除非原告股東可以證明被告董事之系爭行為符合下列情形之一：(一)非屬經營決策；(二)於做成行為當時 處於「資訊不足」之狀況；(三)基於「惡意」所做成；(四)參 與做成決議之董事具有重大利益衝突；(五)有濫用裁量權之

情事，否則即使該經營決策是錯誤的，且其結果確實造成公司
損害，董事仍毋庸負賠償責任。惟如原告成功推翻了經營判斷
法則，舉證責任將會轉換至被告董事這一方，由被告董事證明
該交易對股東而言仍是公平的交易，董事會的行為將會被放在
「整體公平(entire fairness)」標準下由法院進行審查。「整體
公平」要求董事證明該筆交易係公平交易過程(fair-dealing)和
公平價格(fair price)下的產物。

補充：經營判斷法則在我國是否適用？

　　我國法律並未明文規定董事之經營判斷法則，惟目前法
院見解似普遍已接受該法則，但我國法院並未如美國經營判斷
法則具有舉證責任轉換的效果，而係直接或間接適用其精神或
理論，例如高等法院台南分院104年重上字第1號民事判決表
示：「為促進企業積極進取之商業行為，應容許公司在經營上
或多或少之冒險，司法應尊重公司經營專業判斷，以緩和企業
決策上之錯誤或嚴格之法律責任追究，並降低法律對企業經營
之負面牽制，此即為美國法上所稱『經營判斷法則(business
judgment rule)』，故當公司董事已被加諸受任人義務，則董
事在資訊充足且堅信所為決定係為股東最佳利益時，則全體股
東即必須共同承擔該風險，而不得以事後判斷來推翻董事會之
決定…而承認所謂經營判斷法則，將可鼓勵董事等經營者從事
可能伴隨風險但重大潛在獲利之投資計畫。此外，司法對於商

業經營行為之知識經驗亦顯然不如董事及專業經理人豐富，故司法對於商業決定應給予『尊重』，因此減少司法介入，自有必要。」

此外，在美國法下，經營判斷法則只能適用於民事責任，但我國法院亦有將經營判斷法則之精神適用於刑事案件，如最高法院105年度台上字第2206號刑事判決表示「按公司經營者對於公司經營判斷事項，享有充分資訊，基於善意及誠信，盡善良管理人之注意義務，在未濫用裁量權之情況下，尊重其對於公司經營管理的決定，是所謂『商業判斷原則』或『經營判斷原則』，其目的原在避免公司經營者動輒因商業交易失利而需負損害賠償責任。於具體刑事案件中，被告亦有援引上開原則為辯者，倘公司經營者對於交易行為已盡善良管理人之注意義務，符合商業判斷原則，於民事事件已不負損害賠償責任，基於刑法補充性原則及法秩序一致性之要求，應認與「違背職務行為」之構成要件尚屬有間；但在公司經營者違反善良管理人之注意義務而有悖商業判斷原則時，若符合刑事法特別背信之主客觀構成要件，自應負刑事責任。」似發展出具有我國「特色」的經營判斷法則。

實務案例一：台糖案

最高法院 106 年度台上字第 472 號民事判決

　　本案事實：吳○、劉○曾分別擔任台灣糖業股份有限公司（下稱台糖公司）董事長、資產處處長及資產管理中心執行長。潘○所經營之春龍開發股份有限公司（下稱春龍公司）前與台糖公司之32筆土地（下稱系爭土地）簽訂地上權設定協議書，申請報編開發霧峰工業區（下稱系爭工業區）。吳、劉二人以地目變更前之農地價格使春龍公司買受系爭土地，且在系爭土地年底公告現值調整前提前作業，於台糖公司月眉廠土地評估小組民國（下同）92年9月評估總價為6億2387萬4730元之農地初估價格（下稱初估價格），經台糖公司虎尾廠複估，惟未先交董事會之土地資源及利用小組（下稱利用小組）作較詳細之審查，即逕送92年10月第20次董事會（下稱20次董事會），會中吳○以公司尚虧損7、8億元，趕在年底前出售為由，裁示依月眉廠初估價格核定底價。另為確保春龍公司符合伊所訂之土地買賣交換要點（下稱系爭交換要點），得在公開標售程序中確定購得系爭土地，吳○復指示劉○研修系爭交換要點賦予春龍公司有優先購買權，又為使本案能適用新修正規定，未依慣例送請董事會之章則及預決算小組審查，即逕送92年8月第18次董事會（下稱18次董事會）討論通過。吳○於92年12月30日離職後，承辦人員於董事會核定底價逾6個月之93年6月間簽請依原定底價核定延長有效期間6個月時，劉○仍予簽核，並呈送時任總經理之魏○予以核定，導致台糖公司在93年8月24日公開標售系爭土地時，其他廠商競標意願低落，93年9月10日公開標售，雖訴外人陳○等4人以6億2688萬8888元（下稱得標價格）得標，然由龍公司援用優先購買權以同價額買受。

　　本案主要爭點在於：吳、劉二人於系爭土地出售交易是否違反善良管理人之注意義務？

　　最高法院認為：吳、劉二人違反善良管理人之注意義務。理由如下：

1. 土地增值之利益部分：吳、劉二人應合理尋求相關交易資訊，選擇最有利之時機及買賣條件為之，以謀取台糖公司之最大利益。系爭土地已經經濟部函復同意編定為工業區，則系爭土地將由農業用地編定為工業用地，土地公告現值亦將提高，台糖公司可享有增值之利益，是否非吳、劉二人所不得預見？又春龍公司申請報編開發系爭工業區，乃係利用台糖公司所有系爭土地為開發，縱開發權利不得轉讓，系爭土地之所有權人仍為台糖公司，土地變更為工業用地之利益，是否應全歸春龍公司取得？自非無疑。則吳、劉二人核定前揭條件標售系爭土地，且嗣由春龍公司於公開標售後援用優先購買權以6億2688萬8888元得標價格買受系爭土地，增值利益實際均歸春龍公司享有，能否謂台糖公司未因此而受有損害？亦滋疑義。

2. 估價之差距部分：系爭土地前經時任月眉廠產業股長兼土地釋出業務之黃○簽報市價約7億8373萬172元；時任土地管理組王○上簽建議以公告現值加四成，總價約8億7000萬元，嗣再經月眉廠初估總價為6億2387萬4730元，虎尾廠複估為6億2286萬754元，則吳、劉二人於內部查估系爭土地之高低價格差距高達2億4000萬餘元之情形下，**未再蒐集系爭土地之價格資訊、或委請土地之鑑價專業機構精準評估其價格，由月眉廠土地評估小組評估即核定底價，是否妥當，實有疑問。**

3. 優先購買權部分：就系爭土地之出售，以該土地幾近於92年農業用地之公告現值為底價，另又修訂系爭交換要點規定賦予春龍公司意定優先購買權，終使春龍公司於系爭土地公開標售時，得以略高於初估價格之標售價格優先購買，其結果係一方面使系爭土地開發之利益包括系爭土地將調高公告現值之利益全歸春龍公司享有，一方面因土地已非供農業使用之情形，致台糖公司須自行負擔高達1億6626萬9960元之土地增值稅，能否謂已盡公司法所定負責人或民法所定受任人之義務？尚有斟酌之餘地。

本案重點

　　董事在評估不動產土地買賣交易時，應考量會影響土地價值的各種情形，包括變更地目為工業用地、土地增值稅之費用等，特別在交易對象享有特殊利益，如優先購買權時，更應該注意交易價格和交易條件之公平性；另高度建議董事會應委請外部獨立專家進行評估，以提供董事充分的資訊。

實務案例二：幸福人壽案

最高法院 107 年度台上字第 326 號民事判決

　　本案事實：幸福人壽董事長鄧○、副總經理李○、不動產投資部協理潘○，於民國（下同）101年6月8日與訴外人邱○就系爭房地簽訂不動產買賣契約書（下稱系爭買賣契約）。鄧○等三人未說明不採瑞普事務所鑑估該土地之正常價格為每坪421.5萬元估價報告之合理理由，且未思慮該土地之共有人達21人，整合不易，怠忽職責，違背善良管理人注意義務，逕簽核通過以每坪新台幣（下同）490萬元、總價9800萬元之交易價格購買系爭房地。於該年度會計查核時，遭會計師認定購買價格明顯高於正常價格，無法反應系爭房地實際價值，因而提列交易損失1179萬6452元，並遭金管會裁罰180萬元，而受有支出溢價1179萬6452元之損害，鄧○等3人應負公司法第23條之責。

　　本案爭點：鄧○等三人就該不動產買賣，是否有執行職務未盡善良管理人注意義務之情形？

　　最高法院認為鄧○等三人違反善良管理人注意義務。理由如下：

1. 幸福人壽之不動產處理程序第6條規定，執行單位於取得不動產時，應評估其必要性或合理性，並參考專業估價者出具之鑑價報告等，作成分析報告。執行不動產投資案之評估分析時，如其長期利益係

為結合鄰地整筆開發，即應以最大誠實態度謹慎評估分析短期內整合鄰地之可行性及鑑估購入標的之個別價格，而詳實分析投資利弊及風險以決定交易條件及交易價格，俾以推估購入標的之合理價格，達成謀求公司利益並保障要保人或受益人權益之目標，方得謂已盡善良管理人之注意而落實執行不動產處理程序第6條規定。至於不動產處理程序第6條規定之流程或主管機關對保險業投資不動產之限制規範，乃處理不動產投資業務時應遵循之一般最低標準，如僅依該流程規定進行提案及核決等行為，尚不可皆認為已盡善良管理人之注意義務。

2. 就整合系爭土地22位共有人成為1筆基地或合併相鄰31筆土地為1宗土地之開發成本、風險、可行性，及如何由瑞普事務所評估系爭土地正常價格每坪421.5萬元或特定價格每坪596萬元而推估出系爭土地每坪490萬元屬合理價格之分析，及邱○將如何協助幸福人壽整合系爭土地22位共有人之評量，似均付之闕如，究竟每坪490萬元之價格是否為幸福人壽購入系爭土地時之合理價格，即有疑義。

3. 倘鄧○等3人未忠實執行系爭投資案，致幸福人壽以逾正常價格之不合理高價購入系爭房地，幸福人壽於購入時即受有與合理價格之差價損失，縱事後系爭房地價值回升上漲，乃市場偶然之地價波動因素所致，不影響購入時已生之價差損失。

本案重點

1. 公司雖然有請外部專家就不動產價格進行評估，並依不動產處理程序規定之流程或主管機關對保險業投資不動產之限制規範進行交易，但法院特別強調，此等規範僅是處理不動產投資業務時應遵循之「一般最低標準」，遵守相關法令本身並非當然認為已盡善良管理人之注意義務。

2. 本案外部專家評估的價格區間落入每坪421.5萬元至596萬元之區間，公司為何以每坪490萬元作為交易價格和交易條件？董事會應詳

實分析合理價格、投資利弊及風險，包括土地整合的可行性、長短期利益等，並以最大誠實態度謹慎評估分析，以保障公司和股東的權益。

3. 董事會在決議不動產買賣交易之條件時所需的相關參考資料、專家意見等必須充分，並可請外部專家列席備詢，於經過仔細地討論、分析和評估後做成決議。相關討論過程應詳實記錄並文件化。

補充：董事可否單純信賴公司所提供的資訊或專家意見？

德拉瓦州公司法第141(e) 條規定：「董事會成員或董事會指派之委員會成員，於履行其義務時，其**善意信賴**公司之記錄、由公司主管、員工、董事會指派之委員會或其他董事**合理相信**係在其專業或專家能力範圍內，且**盡合理注意**由公司或代表公司選任之成員所提供給公司之資訊、意見、報告或陳述者，將受完全的保護(fully protected)。」是以，**基本上董事得「善意」信賴公司的某些資訊，但不得盲目的信賴，董事的信賴仍須基於合理的商業判斷。**

在RBC Capital Markets, LLC v. Jervis, 129 A.3d 816 (Del. 2015)，德拉瓦州最高法院承認公司董事關於提案交易的公平性，經常信賴專家意見，且此種信賴為德拉瓦州公司法所允許的。但是，**於公司控制權變更之情形，單純的信賴所聘請的專家和經營團隊，將會使該交易的設計和執行產生污點。**於此種情形，法院將會尋找在出售公司過程中，董事扮演主動且**直接角色的證據。**德拉瓦州公司法第141(e) 條之規範提供董事信賴專家意見的保護。然而，**於監督出售程序時，董事需要主**

動且基於合理的資訊(active and reasonably informed)，包括
指出和回應現實和潛在的利益衝突。在Mills Acquisitions Co.
v. Macmillian, Inc. 559A. 2d 1261 (Del. 1989)，德拉瓦州最
高法院亦表示在出售公司控制權等重大交易中，董事雖然可以
善意信賴公司所提供的資訊，但其仍有主動且直接的監督義務
(duty of oversight)，若因為董事實質上放棄其監督功能而被欺
騙，仍有可能必須負擔董事的相關責任。

我國公司法目前並未明文規定董事可以善意且合理信賴公
司主管或專家所提供的意見或資料等。然有關公司財報不實案
件中董事的責任，證券交易法第20條之1第2項規定董事「如能
證明已盡相當注意，且有正當理由可合理確信其內容無虛偽或
隱匿之情事者，免負賠償責任。」我國法院實務見解認為，由
於公司財報是投資人於證券市場從事投資時之重要參考依據，
必須確保該資訊內容之可靠性、公開性及時效性，因此，上市
櫃公司依法應申報及公告財務報告，且須經會計師查核簽證或
核閱，提報審計委員會、董事會報告或討論，及經由監察人承
認等程序。在這個過程中，**董監事、會計師等乃各司其職，並
非因有會計師查核簽證就可以解免董監事責任。換言之，董監
事不可單純信賴會計師的查核簽證，其仍須舉證有盡相當注意
義務，才可免責。**（參見最高法院106年台上字第2617號民事
判決）

補充：商業法院之商業事件審理

為建立迅速、妥適及專業處理重大民事商業紛爭之審理程序，我國於109年1月15日制定公布「商業事件審理法」，並修正「智慧財產及商業法院組織法」，定於110年7月1日施行，將商業法院併入智慧財產法院，更名為「智慧財產及商業法院」，使我國關於智慧財產及商業事件之司法解決機制邁入新的里程碑。（智慧財產及商業法院網址https://ipc.judicial.gov.tw）

其中，商業事件審理細則第37條規定：「**法院審理商業事件，得審酌下列各款情事，以判斷公司負責人是否忠實執行業務並盡善良管理人注意義務：一、其行為是否本於善意且符合誠信。二、有無充分資訊為基礎供其為判斷。三、有無利益衝突、欠缺獨立性判斷或具迴避事由。四、有無濫用裁量權。五、有無對公司營運進行必要之監督。**」此一規定，與前述經營判斷法則之要件與內涵具有高度類似性（但無美國法上之舉證責任轉換），未來法院如何具體適用本條，值得高度觀察。但就董事執行職務而言，本條所列的五個判斷標準，應可作為董事善盡其受任人義務的具體行為準則。

陸、對董事執行職務的建議

一、董事應盡善良管理人之注意義務,其標準乃社會一般誠實、勤勉
而有相當經驗之人,所應具備之注意;且係客觀決定其標準,至
於個別董事有無盡此義務之知識與經驗,並非法院所關注之重
點。

二、出席董事會是董事的基本義務;董事不得以未出席董事會做成決
議而主張免除其相關責任。

三、董事做成決議前,應適當詢問並使自己獲取充分資訊,包括請公
司提供相關資料、詳實分析利弊與風險,或聽取經理人或外部專
家顧問之專業意見或替代方案等,並提出相關詢問、瞭解、分析
和評估。

四、董事不應將自己侷限於單純被動接收資訊之角色,而必須主動合
理且適當的對經理人或專家提出問題,以瞭解其所接收之資訊是
否正確與可信賴。

五、董事會作成決議時,若議案資料不充分,董事得請求公司補足,
或得經董事會決議後延期審議之;必要時,董事須當場以口頭或
書面表示異議,並要求載明於董事會議記錄,始得免責。

六、我國法院見解認為,依據或遵行相關法律或公司內部規範進行交
易或判斷,只是一般最低標準,並非當然認為已盡善良管理人之
注意義務。

七、董事會討論過程與發言內容應確實記錄並文件化。

實務專家評論—《董事注意義務》

賴源河

銘傳大學財經法律系講座教授

公司治理之重要核心內涵之一，就是董監事受任人義務之履行，所以中華公司治理協會為協助董事履行此義務以避開法律責任，依該協會公司治理環境委員會的決議出版了「公司治理重要判決解讀—董事責任參考指引」一書，透過實務案例的破題，說明議題之重要性與董事執行職務之關聯，並提出董事執行職務應注意之事項，其意義重大而甚具實益。受任人義務(fiduciary duty)之類型，包括忠實義務(duty of loyalty)與注意義務(duty of care)。本章節所探討的「董事注意義務」，當然是該書的重要內容之一。

董事依公司法第192條規定，係由股東會所選任，以組成董事會執行公司之業務（公司法第202條）。其與公司之關係，除民法另有規定外，依民法關於委任之規定（公司法第192條第5項），而民法第535條明定「受任人處理委任事務，應依委任人之指示，並與處理自己事務為同一之注意，其受有報酬者，應以善良管理人之注意為之」，但公司法第196條第1項規定，董事之報酬，未經章程訂明者，應由股東會議定，所以原則上應該是有償性，況且公司法第23條第1項特別規定，公司負責人應忠實執行義務，並應盡善良管理人之注意義務，而董事為公司負責人（公司法第8條第1項），則依特別法優於普通法之原則，當然適用公司法的特別規定，所以董事是否受有報酬，皆被要求須以善良管理人之注意執行職務。此為企業界人士皆應認知的事項。

本章節乃聚焦於董事的注意義務，縱使實務上或法院之判決先例，董事因違反注意義務致公司受有損害而被訴者，其例甚多，故本章節的論述與建議，對於董事之執行職務，具有重大意義。其呈現方式與架構，完全依照協會所規定者安排，而內容除針對上述疑點予以澄清之

外，也詳細說明何謂善良管理人之注意義務，對於一般人常有疑義的問題，如董事可否以不具備判斷公司決策的專業背景為由，主張毋庸負賠償責任，特別予以解說，而且中、美各介紹兩則案例，以供參考。尤其是針對與注意義務有密切關係的「經營判斷法則」，也以補充資料的方式加以論述。該法則是為鼓勵董事勇於開創並承擔合理之商業風險，避免法院事後諸葛亮，認定董事違反注意義務，而由英美法下發展出來的，但由於我國法律並未明文規定，故在實務之適用上就有肯定說與否定說之狀況。惟目前法院似已較能接受該法則，如最近兆豐銀行追究前董事長及前總經理民事責任之案例中，法院即適用此原則而判定兩人免責。尤其最後本章節所提出「對董事執行職務的建議」，更值得董事們參採。

—— 第三章 ——

董事監督義務

郭大維

國立臺北大學法律學系教授

實務案例一：花蓮企銀案

　　太平洋證券公司為前花蓮企銀之法人董事。因甲為太平洋證券公司代表人之故，自民國93年7月5日起至95年1月7日止擔任花蓮企銀第十、十一屆董事長。太平洋證券公司於95年1月8日改派乙接任花蓮企銀第十一屆董事長。其二人既為花蓮企銀先後任董事長，依法有建立該行內部控制及稽核制度之義務。然甲分別於94年1月31日、95年1月24日，以花蓮企銀董事長身分支領93年度年終獎金、94年度年終獎金。花蓮企銀前於93年6月30日股東常會雖議決公司董監報酬之給付標準，然無董監事得領取獎金之決議，甲卻在花蓮企銀無盈餘且未經股東會決議之情形下，不當核發系爭獎金，致遭金融監督管理委員會（下稱「金管會」），先後於95年7月12日、9月22日發文要求花蓮企銀追回系爭獎金，花蓮企銀當時之董事長乙明知甲不當發放系爭獎金，竟利用花蓮企銀內部控管不佳的漏洞，未予追回，金管會乃於95年12月21日作成裁處書，核處花蓮企銀400萬元罰鍰。

壹、前言

董事作為公司之經營決策者，一方面決定公司業務經營的方向；另一方面，董事得授權高階經理人員管理公司、執行業務。然在董事授權後，對於該人員是否妥善管理公司事務，董事則負有監督之責。因此，董事在公司中之主要功能有二：經營決策以及監督公司活動。經營決策之功能包括形成公司策略目標以及對特定事項採取積極作為；監督職責則是包括對公司財務、業務做持續性的監督。又董事身為公司之負責人，對公司負有忠實義務(duty of loyalty)與注意義務(duty of care)。然董事監督義務之本質為何?究竟係屬於忠實義務抑或是注意義務之一環？又監督義務之主體究竟為董事個人、董事會抑或是公司？董事之監督義務是否得以公司業務分層負責為理由主張抗辯？董事監督義務之射程範圍為何？上述問題皆為董事監督義務之重要課題。

貳、董事監督義務之概說

　　由於企業規模日益擴大，股東人數眾多且股權分散。股東雖為公司的所有者，但往往無法皆親自參與公司的經營，故必須選任董事賦予其公司業務的經營決策權限。基本上，董事之職能通常包括公司業務之「決策」與「監督」公司業務之執行。董事在決策前應先瞭解所欲決定事項之背景與情況，再作出決定。該程序通常包括在會議前或會議中檢視相關書面資料、參與會議的討論、尋求適當的專業顧問之意見等。若董事長期缺席應出席之會議、未閱讀適當數量之公司報告、未在必要時尋求適當的顧問意見等均可能被認定違反注意義務。另公司內部基於分層負責，董事之職務除作成公司業務之相關重大決策，亦包括對下屬之監督。

　　董事之監督職責乃要求董事有責任積極監督公司經理人、員工與公司事務。當經理人與員工從事不法行為而對公司造成損害時，董事雖未主導參與該不法行為，但其仍可能被認為違反監督義務。從經濟觀點來看，由於董事會對公司業務具有決策管理權限，課予董事監督義務，要求董事為適當監督，確定公司內部的潛在問題，係藉由給予最有能力設計、執行及監督風險管理運作之人一個高度財務誘因，來改善內部控制與風險管理之實際運作，以避免不法情事之發生。

參、董事監督義務之主要爭議問題

依我國公司法第8條之規定，董事為公司之當然負責人。同法第23條第1項規定：「公司負責人應忠實執行業務並盡善良管理人之注意義務，如有違反致公司受有損害者，負損害賠償責任。」據此，董事對公司負有忠實義務及注意義務，如有違反致公司受有損害，應負損害賠償責任。然而，董事監督義務之主體究竟為董事個人、董事會抑或是公司?董事之監督義務可否以公司業務分層負責為由主張抗辯？又監督義務之本質為何？究竟係屬於忠實義務抑或是注意義務之一環？董事監督義務之射程範圍為何？上述問題皆為董事監督義務之重要課題。

問題一：

董事監督義務之主體究竟是董事個人、董事會抑或是公司？

在前述實務案例一中，董事監督義務之主體究竟為董事個人、董事會抑或是公司？本案地方法院及高等法院認為負有確保建立並維持花蓮企銀內部適當有效之控制及稽核制度義務者，為合議制之董事會，並非董事長個人。此一見解似有將銀行內部控制及稽核制度實施辦法之規定流於僵化之文義解釋。而最高法院則予以指正，並認為花蓮企銀於董事會議，由全體出席董事授權董事長決定董事、監察人酬勞，且董事會無權利能力，不得以董事會為求償對象之情形下，則董事長或任何董事就內部控制及稽核制度無法有效執行得否認其無共同侵權行為而脫免損害賠償之義務。而國內學者亦多贊同以「董事個人」作為究責對象之認定。此係由於公司董事會雖採集體執行業務制，但董事會之決議畢竟是出自董事個人義務之履行，從而應就個別董事認定有無過失，不得以董事會之決議推諉之[1]。因此，董事違反監督義務之究責自應以董事個人作為究責對象之認定。

---

[1] 曾宛如，董事忠實義務於台灣實務上之實踐－相關判決之觀察，月旦民商法雜誌，第29期，2010年9月，頁148。

實務案例二：金鼎案

　　臺灣證交所於民國98年6月、98年7月對金鼎綜合證券股份有限公司（下稱「金鼎公司」）進行查核時，發現該公司債券部自94年起協助Tis Wealth Management Limited（下稱「TIS」）銷售Genesis Voyager Equity Corporation（下稱「GVEC」）發行Genesis Growth Income Preferred Shares B1（下稱「PSB1」），並由金鼎公司開立以TIS名義之成交單與投資人承作美元附買回交易（下稱「RP」），標的為PSB1。被上訴人認為PSB1未經被上訴人核准，上訴人為金鼎公司95年7月起之行為時董事長，並自96年8月14日起兼任總經理，金鼎公司的違法行為在上訴人任職董事長兼任總經理期間仍持續進行，上訴人顯有督導不周之責，違反證券商管理規則第2條第2項及證券商負責人及業務人員管理規則第18條第3項規定，影響證券業務之正常執行，而依證券交易法第56條規定，於99年6月14日以金管證券字第09900305631號裁處書命令金鼎公司停止上訴人1年業務之執行，自99年8月5日至100年8月4日止，並於處分送達之次日起10日內將執行情形報會備查（下稱「原處分」）。上訴人不服，提起訴願，經決定駁回後，提起行政訴訟，經原審判決駁回，遂提起本件上訴。上訴人起訴主張：依分層負責管理原則，對業務人員未經公司授權私下協助TIS銷售GVEC發行之PSB1，並開立以TIS名義之成交單與投資人承作美元附買回交易乙節，並不知悉。至原處分認定系爭商品開始銷售之時至95年7月15日間，上訴人並非金鼎公司董事長，無監督權限。又被上訴人未慮及上訴人並不知悉業務人員私下販售PSB1商品，且難以期待上訴人可盡監督義務，逕以最重處罰命金鼎公司停止上訴人職務1年，顯逾越必要範圍。

問題二：

董事之監督義務是否得以公司業務分層負責為理由主張抗辯？

現今公司董事得授權高階經理人管理公司、執行業務，且大型公司之內部事務往往會有分層負責之情形。當經理人或員工從事不法行為而對公司造成損害時，雖然董事未主導參與公司不法行為，但其仍可能構成監督義務之違反。有疑義者，董事於何種情況下須為公司經理人或員工之不法行為負責，董事之監督義務是否得以公司業務分層負責為理由主張抗辯？

在實務案例二中，原審台北高等行政法院認為，公司業務的執行，除應由股東會決議之事項外，均應由董事會決議行之，亦即金鼎證券董事長對外代表公司，對內則有執行業務權，董事長對內監督及授權的責任，不能以分層負責為理由而卸責[2]。上訴後，最高行政法院亦認為：上訴人擔任金鼎證券董事長並兼任總經理，負責該公司之決策及執行，已確知該公司引進及銷售系爭 PSP1 商品，卻未促使公司注意該商品未經核准，違反應盡之注意義務，故被上訴人認上訴人顯有督導不周之責，有違監督義務，於法尚無違誤[3]。

2　臺北高等行政法院 100 年度訴字第 84 號。

3　最高行政法院 101 年度判字第 257 號。

實務案例三：國寶人壽案

國寶人壽主張其董事長與總經理，依證交法第14條之1、公開發行公司建立內部控制制度處理準則、保險法第148條之3、保險業內部控制及稽核制度實施辦法等規定，應依法建置並執行內控制度，以確保公司資產受到保障，控制營運風險及法令遵循。但董事長與總經理二人竟悖於職責，經營管理發生諸多問題，並釀成公司鉅額虧損，股東與保戶權益受損嚴重，致遭主管機關接管。其中，不論是原告人事及薪酬制度不健全，核定簽約決策過程欠嚴謹，利害關係人檢核程序不完備，投資國內股票時分析不足或未依內規停損，投資發生鉅額損失時也未積極追蹤控管，個股投資不僅金額過大，風險亦有過度集中且欠缺管控等問題，在在顯示二人懈怠職責，未使國寶人壽之內控制度趨於健全，亦未確實執行內控制度，確有違背法令及職責之情形。被告二人違背法令與懈怠職務，致公司曝露於高度風險中，衍生弊端損失難以估算，國寶人壽亦因二人之違背法令及職責行為，遭金管會先後各裁罰原告新臺幣（下同）300萬元、120萬元，合計420萬元。二人違背法令與懈怠職務之行為，致國寶人壽受有罰鍰之損害，爰依民法第544條、公司法第8條、第23條第1項、第34條等規定，提起本件訴訟。被告則主張：公司負責人就公司營運事項所為之決定，屬公司治理、商業判斷之範疇，不應以嗣後是否造成公司損失，或以主管機關嗣後主觀認定個案決策應評估考量之因素，作為公司是否違反「保險業內部控制及稽核制度實施辦法」判斷標準。

同樣地，在實務案例三（國寶人壽案）中，台北地方法院認為，依原告內部制訂之分層授權表訂明董事長與總經理業務包含內部控制制度之制定與修正，足見被告二人對公司內控之制定、落實監督及維持內控有效運作等情，均負有要責。被告二人雖辯稱為商業判斷之範疇及內部控制制度僅能對作業風險做合理之控制，對人員之失誤無可能完全避免，被告等已對金檢缺失提出改善計畫，並無違背法令之要求。惟該二人就公司營運上多項決定，判斷上具瑕疵，亦未能提出合理說明，足認二人抗辯即屬空言，是遭主管機關裁罰屬違背其善良管理人注意義務[4]。經上訴後，高等法院認為被上訴人任職董事長、總經理期間，負責綜理公司一切業務，並對公司負有制定、健全、查核及監督內控制度執行運作之責，未依其等職掌範圍督導投資部門遵循法令之規定，致使被上訴人之內控制度未有效運作，而遭受主管機關裁處罰鍰，其二人處理委任事務，自屬未盡善良管理人之注意義務[5]。

換言之，法院認為董事之監督義務並不允許以分層負責為理由而卸責，董事必須建立、維持內部控制制度以獲得資訊，並履行其監督義務，不得推諉其責。

實務案例四：幸福人壽案

上訴人（即原告）幸福人壽保險股份有限公司（下稱「幸福人壽」）主張被上訴人幸福人壽前董事長與前總經理二人，依公司章程規定及業務分層負責表所示，董事長應綜理公司一

4　臺北地方法院 104 年度訴字第 2501 號民事判決。
5　臺灣高等法院 105 年度上字第 1174 號民事判決。

切事務，有為公司建置內稽內控制度之責，健全公司內稽內控等相關機制，以防杜缺失及違法情事之發生。總經理負責辦理公司定期法令遵循自行查核事項，應綜理公司一切事務，健全公司內稽內控等相關機制，以防杜缺失及違法情事之發生。另依保險業內部控制及稽核制度實施辦法之規定，董事長及總經理應發展適當之內稽內控程序，並監督其有效性與適切性，而總經理更應督導內控之執行情形，並負責法令遵循制度之規劃、管理及執行，並賦予董事長及總經理就內部稽核單位人員、其他管理及營業單位人事之升遷、獎懲及考核等權力。因此，董事長及總經理二人有使公司業務執行不違反法令之職責。惟二人未將主管機關、會計師、內部稽核單位及自行查核所提列之檢查意見或查核缺失事項列為營業及管理單位等各單位獎懲或績效考評之重要項目，且未就各單位發生缺失之檢查意見及失職人員提供懲處建議、內部稽核單位未積極督導受檢單位辦理缺失改善，即據以回覆尚依檢查意見辦理、稽核單位未定期評估各營業單位自行查核辦理等情形，遭金管會裁罰60萬元；且二人明知公司有未經簽呈授權層級核准即辦理顧問合約、辦理董事長公務車購入作業有未依「採購作業管理辦法」辦理、國內股票停損作業未依「上市櫃股票投資風險管理標準作業程序」辦理等情，未盡善良管理人之注意義務積極管控風險而放任相關合約簽訂或損害發生，遭金管會裁罰120萬元。故上訴人依公司法第23條第1項、民法第184條第1項前段及第2項、第185條等規定，請求董事長及總經理二人對公司之損害負賠償之責。

問題三：

董事監督義務之定位（忠實義務抑或是注意義務之一環？）

依公司法第 23 條第 1 項之規定，董事對公司負有忠實義務及注意義務。其中，忠實義務係指公司董事在執行職務時，應以公司與股東之利益為考量，不得圖謀自己或第三人之利益。當董事之利益與公司之利益相衝突時，必須以公司利益優先於自己利益而行為之義務。注意義務則是指公司董事在執行職務時，應盡到相當程度的注意力，且須以符合公司最佳利益的方式為之。然而，董事監督義務到底是屬於忠實義務抑或是注意義務之一環？

關於此一問題，在實務案例四中，台北地方法院認為原告未具體指出身為前董事長、前總經理之被告二人，究竟疏未建立及未有效發揮何項內稽內控制度，或現有內稽內控制度因被告二人之行為致未符合相關程序等節，自難遽信其主張為真。且原告雖提出公司章程第 24 條及第 30 條等規定，欲證明董事長及總經理掌管及綜理原告之業務，是被告二人有使原告業務執行不違反法令之責，然該等規定僅係就董事長及總經理之職掌為原則性之規定，與被告二人是否確有前開原告所指違背善良管理人注意義務，及具損害原告之故意或過失等情無涉，尚難憑此認定原告主張之事實為真，因此駁回原告之訴[6]。然經上訴後，臺灣高等法院首先指出「忠實義務主要在處理董事與公司間之利益衝突事項；董事之監督義務，則屬善良管理人注意義務之一環，且董事之監督義務並不等同於建置內部稽核制度之義務。亦即，相關法令雖要求保險公司應建置內部稽核制度，但建置內控稽核制度僅為監督義務之一環，但非全部內涵，縱董事會已依法令建置及運作內控稽核制度，尚非可證明其已完全善盡監督義務，尚應適當監控董事長及高管人員是否確實履行，以確保內部控制制度之有效性。」被上

6　臺北地方法院 105 年度訴字第 4239 號民事判決。

訴人（即被告）為上訴人之董事長及總經理，依法令應建置及運作內控稽核制度，並應監督內部承辦人員是否已確實履行，以確保內部控制制度之有效性。且二人有權指揮、監督內稽單位、公關室與不動產投資部門承辦人員，則被上訴人基於經理公司一切業務與職當內控執行之責，自不得以內控制度相關承辦之失，減免其責任。因此，高等法院認為被上訴人違反公司法上之善良管理人注意義務[7]。

目前國內學者多認為董事監督義務應屬注意義務之一環[8]。國內實務見解似乎亦認為董事監督義務屬於注意義務之一環。誠如前述，由於忠實義務主要在處理董事與公司間之利益衝突問題，而注意義務則是指董事於處理公司事務時應負之注意程度。同時，我國目前公司法並無類似美國各州公司法有關董事責任減免之規定，且亦未確定引進經營判斷法則，雖然近來美國實務界有將董事監督義務自注意義務之一環轉為忠實義務之一環的趨勢，但在我國董事監督義務宜定位為注意義務之一環較為妥當。然值得注意者，我國公司法第 23 條第 1 項注意義務之規定係要求董事須負善良管理人之注意義務，即主觀上須負抽象輕過失之標準。相較之下，美國實務上，法院對董事是否違反監督義務之判斷標準，係基於董事持續性或系統性怠於監督，且原告必須證明被告董事明知或可得而知。亦即董事主觀上須達未必故意或間接故意，始有構成監督義務之違反。因此，若從此一角度觀察，我國公司法制下的董事監督義務似乎較美國法嚴格[9]。

---

7 臺灣高等法院 106 年度上字第 1343 號民事判決。

8 劉連煜，現代公司法，新學林出版，十六版，2021 年 9 月，頁 137；方嘉麟等合著，變動中的公司法制：17 堂案例學會《公司法》，元照出版，三版，2021 年 10 月，頁 222；郭大維，企業法令遵循與董事監督義務，月旦法學教室，第 179 期，2017 年 9 月，頁 22；王志誠，董事之監督義務 - 兆豐銀行遭美國紐約州金融服務署裁罰一·八億美元案之省思，月旦法學雜誌，第 259 期，2016 年 12 月，頁 15；林國彬，董事忠誠義務與司法審查標準之研究 - 以美國德拉瓦州公司法為主要範圍，政大法學評論，第 100 期，2007 年 12 月，頁 147-51。

9 張心悌，員工違法行為之董事監督義務 - 評臺灣臺北地方法院 105 年度訴字第 4239 號民事判決，月旦裁判時報，第 80 期，2019 年 2 月，頁 22。

為避免造成董事過重之責任以及董事以保守的態度執行職務，我國未來宜引進董事責任減免等配套措施，以建構一套完整的董事責任法制。

補充：美國法院關於董事監督義務定位之見解

　　早期在1996年的 *In re Caremark Int'l, Inc. Derivative Litig.* 案(698 A.2d 959 (Del. Ch. 1996))，德拉瓦州法院認為，一旦董事會察覺有不法行為之明顯跡象時，除有義務採取適當行動外，亦有義務獲得充分資訊並對不法行為保持警戒。董事應本於善意建置並有效維持公司內控監督系統，始盡到注意義務之基本要求。董事會持續性或系統性怠於監督，且該持續性行為欠缺善意，方有違反監督義務之可能。

　　然而，在2003年的 *Guttman v. Huang* 案(823 A.2d 492 (Del. Ch. 2003))，法院似乎對於董事監督義務係屬注意義務之一環的見解，有所改變。德拉瓦州法院認為，怠於監督而生之賠償責任，應建立在違反善意要求之行為上，而善意的要求是履行忠實義務的必要條件，故法院認為違反監督義務而生之責任係違反忠實義務之責任。之後，在2006年的 *Stone v. Riller* 案(911 A.2d 362 (2006))中，德拉瓦州最高法院指出，判斷董事是否善盡監督義務之標準在於(1)董事完全沒有建置任何報告或資訊系統或控制制度；(2)董事雖已建置此等系統或控制制度，卻有意識地怠於監督或控制其運作，致使董事無法注意到相關風險或問題。德拉瓦州最高法院並認為意圖怠於行使董事監督義務，係屬善意行為之欠缺，若董事在面對已知的行為義務卻未能採取行動，表示其有意識地無視其責任，如此將違反忠實義務。

　　德拉瓦州法院重新定性監督義務主要是基於兩個理由：一是希望避免公司法中的董事責任減免規定所提供的避風港，例如德拉瓦州公司法第102條第b項第7款所規定的免責規定，使公司可限制或減免董事因違反受任人義務而承擔金錢損害賠償之責任。惟有關董事責任減免之規定排除忠實義務之違反，故法院將監督義務定性為忠實義務以脫離法律賦予的董事保護，使董事因未能有效監督公司之不當行為不再有免責條款的保護。其次，是希望制衡「經營判斷法則」之保護，此係由於原告要克服經營判斷法則之推定十分困難，從而將監督義務定性為忠實義務。

See Lisa M. Fairfax, *Managing Expectations: Does the Directors' Duty to Monitor Promise More than It Can Deliver?* 10 U. St. Thomas L.J. 416, 429-431 (2012).

問題四：

董事監督義務之射程範圍為何？

　　證交法第 14 條之 1 規定：「公開發行公司、證券交易所、證券商及第十八條所定之事業應建立財務、業務之內部控制制度（第一項）。主管機關得訂定前項公司或事業內部控制制度之準則（第二項）。第一項之公司或事業，除經主管機關核准者外，應於每會計年度終了後三個月內，向主管機關申報內部控制聲明書（第三項）。」依本條第二項之授權，主管機關頒布「公開發行公司建立內部控制制度處理準則」（以下稱「內控準則」）。前述內控準則第 3 條即規定內部控制制度之目的在於「合理確保下列目標之達成：一、營運之效果及效率。二、報導具可靠性、及時性、透明性及符合相關規範。三、相關法令規章之遵循。」而前述所稱營運之效果及效率目標，包括獲利、績效及保障資產安全等目標。所稱之報導，

包括公司內部與外部財務報導及非財務報導。其中外部財務報導之目標，包括確保對外之財務報表係依照證券發行人財務報告編製準則及一般公認會計原則編製，交易經適當核准等目標。內控準則第 4 條亦明定，公開發行公司應以書面訂定內部控制制度，並經董事會通過，如有董事表示異議且有紀錄或書面聲明者，公司應將異議意見連同經董事會通過之內部控制制度送各監察人；修正時，亦同。因此，公開發行公司董事會負有建立內部控制制度之義務。而對於內部控制制度之檢查，內控準則一方面規定公司應設置隸屬於董事會之內部稽核單位，進行內部稽核；另一方面亦有公司委託會計師對內部控制制度進行專案審查之相關規定，以確保內部控制制度能夠持續有效實施。

從美國實務見解觀察，董事監督義務與公司應建立有效運作的內部控制制度相連結，要求公司建立一套有效運作的內部控制制度，以防止不法行為之發生。一旦相關事實顯示出公司內部控制制度有所不當，或董事會應知悉不法情事正在進行而必須採取行動時，董事若未對其做出回應，可能導致監督義務之違反。然而，董事監督義務之範圍並不及於商業風險之監督，董事會並不會因未監督商業風險而被課予責任。相較於美國，我國實務尚未確立董事監督義務之範疇下，有學者認為內部控制制度建置之相關規定，常被認為是董事監督義務之重要內涵[10]。由於課予董事監督義務之目的是希望董事對公司之營運有基本的了解、參與公司一般事務之監督等，除了建置內部控制制度外，尚須確保內部控制制度之有效運作以及監控經理人等是否有確實履行其職責[11]。又我國董事監督義務之範圍是否及於商業風險之監督？從內控準則第 6 條規定，公開發行公司之內部控制制度應包括風險評估要素。而同準則第 44 條復規定：「公開發行公司宜訂

---

10 王志誠，董事之監督義務 - 兆豐銀行遭美國紐約州金融服務署裁罰一‧八億美元案之省思，月旦法學雜誌，第 259 期，2016 年 12 月，頁 15；楊竹生，論董事注意義務中監督公司業務執行之義務，中原財經法學，第 13 期，2004 年 12 月，頁 198。

11 王志誠，同前註，頁 15。

定適當之風險管理政策與程序，建立有效風險管理機制，以評估及監督其
風險承擔能力、已承受風險現況、決定風險因應策略及風險管理程序遵循
情形。」我國董事監督義務似乎及於商業風險層面。然有學者指出我國公
司法第 23 條第 1 項規定董事須負善良管理人之注意程度 - 抽象輕過失標
準，亦即董事之行為縱使未達間接故意的程度，但只要達到抽象輕過失的
標準，即可能該當主觀要件。如我國董事監督義務及於風險管理層面，對
於專事監督任務之獨立董事而言，可能將因監督義務違反時之責任過重及
訴訟風險，造成無法吸引優秀人才擔任此一職位之窘境。因此，現階段我
國董事監督義務之範圍尚不宜擴及於風險管理層面 [12]。

補充：美國法院關於董事監督義務射程範圍之見解

美國在2009年的 *In re Citigroup Shareholder Derivative
Litig.* (964 A.2d 106 (Del. Ch. 2009))案中，原告花旗集團股東
向花旗集團現任及前任董事、高階管理人員提起代表訴訟，指
控因其未能妥善監督和管理公司面臨的次貸貸款市場風險，且
未能正確揭露花旗集團對次級資產貸款之風險以確保公司的財
務報告與其他揭露內容全面準確，故違反受任人義務(fiduciary
duty)，應就違反受任人義務承擔相關責任。德拉瓦州法院表
示，董事會不應對未能監控商業風險承擔責任，此係由於德拉
瓦州的監督義務僅要求董事會實施監督企業活動是否存在不法
行為，並非將監督責任擴大到商業風險。若將其擴及至商業風
險之監控，將會侵犯董事商業判斷之範疇；其次，董事會作成

---

12 蔡昌憲，從內控制度及風險管理之國際規範趨勢論我國的公司治理法制：兼論董事監督
義務之法律移植，台大法學論叢，第 41 卷第 4 期，2012 年 12 月，頁 1877-78。

一商業決定，即使事後證明該決定並不明智，亦不能據此要求董事對公司之損害負責。且董事之商業決策受經營判斷法則之保護，擴大董事監督責任範疇讓董事會對不良商業結果負責，將使法院對董事之商業決策為事後猜測。若允許法院評價董事會監控業務風險，意味著事後判斷商業決策之優劣，這樣的評價存有事後偏見之危險性，將會破壞經營判斷法則之目的。換言之，德拉瓦州法院釐清董事監督義務之射程範圍，並指出董事監督義務僅要求董事會應建置監督方案，以監督詐欺或不法。若將董事監督義務之範圍擴及商業風險，法院將會侵入董事會商業判斷之範疇。故董事會不應未監督商業風險而被課予責任，董事監督義務並不及於商業風險之監督。

肆、對董事執行職務的建議

關於董事監督義務，茲提醒並建議董事如下事項：

一、董事對於公司業務之執行無法皆親力親為，有相當大部分之業務可能授權管理階層來完成，董事既然交由他人來執行，則董事便負有監督其授權之責。

公司法第202條規定：「公司業務之執行，除本法或章程規定應由股東會決議之事項外，均應由董事會決議行之。」董事會雖為公司的業務執行機關，但董事對於公司業務之執行大多無法親力親為，通常會授權高階經理人員來管理公司、執行業務。然在董事授權後，對於該人員是否妥善管理公司事務，董事仍負有監督之責，否則將會構成監督義務之違反。同時，依國內實務見解，董事之監督義務並不允許以分層負責為理由而卸責。

美國法律協會(ALI)所公布的「公司治理原則-分析與建議」(Principle of Corporate Governance：Analysis and Recommendations)之規定

公司治理原則第3.02條第a項第2款規定，公開發行公司董事會的功能之一即為監督公司業務活動，以評估公司業務是否經適當管理。該條評釋亦指出，公開發行公司係由高階經理人管理，董事會之主要功能為選任公司之總經理暨其經營團隊，選任廣義上即包括監督經理人之表現，如經理人表現欠佳即應予撤換。

公司治理原則第4.01條第a項規定，董事或經理人有義務

以公正的方式真誠地履行其職務，並以其合理相信符合公司的最佳利益，與以一般謹慎之人被合理地期望在類似之地位、類似的情況下行使其職權。其義務包括在合理的情況下，董事或經理人產生警覺性時有提出或安排進行調查的義務。此類調查的程度應以董事或經理人合理認為有必要的範圍內為之。董事或經理人在執行其任何職務(包括監督職能)時，有權依賴第4.02條與第4.03條所規範之資料及人員（依賴董事、經理人、專家、其他人員與董事會下設之委員會）。

二、董事會雖是合議制，但董事違反監督義務之究責仍是以董事個人作為究責的對象。

公司董事會雖然採取集體執行業務制，但依最高法院之見解，董事會並無權利能力，故不得以董事會為求償對象。同時，由於董事會之決議畢竟是出自董事個人義務之履行，從而應就個別董事認定有無過失，不得以董事會之決議推諉之。

美國公司董事指導手冊(Corporate Director's Guidebook)

美國公司董事指導手冊指出，創造及增加股東財產價值是公司董事從事商業活動之主要目標。為達成此一目標，董事在公司中之主要功能有二：經營決策(decision-making)以及監督(oversight)公司活動。經營決策之功能包含形成公司策略目標以及對特定事項採取積極作為。監督職責則是包含對公司業

務、財務做持續性的監督，其他項目特別是公司之業務表現、
風險評估與管理、內部控制機制、法令遵循與提供股東各種報
告報表之品質以及必要詢問與調查事項，皆應特別注意。由於
公司董事會得行使公司權力並指導或管理公司事務與業務之執
行，故由董事會或其下的功能性委員會監督公司管理部門乃理
所當然。基本上，董事為有效達成其經營決策與監督之職責，
理應對公司之業務、主要活動及財務狀況、公司所面臨之經濟
上或競爭中之風險、業績績效之評估有相當的認識。同時，
應設置有效之內部控制系統以管理風險與確保公司之活動有遵
循法令，並提供董事會資訊以及防止可能產生之重大風險及責
任。

The Corporate Laws Committee, ABA Section of Business Law, Corporate
Director's Guidebook- Sixth Edition, 66 Bus. Law. 975, 985-86 (2011).

三、董事除應參與董事會外，也應在力所能及的情形下，了解公司的財務、業務狀況。

董事身為董事會之成員，應對公司業務、財務做持續性的監督，
特別是公司之業務表現、公司所面臨之經濟上或競爭中之風險、
內部控制機制、法令遵循與提供股東各種報告報表之品質以及必
要詢問與調查事項。對於公司業務之執行不可長期放任不管，否
則將構成監督義務之違反。美國實務上，在Francis v. United Jersey
Bank[13]案中，Pritchard & Baird公司主要經營再保險經紀業務，與

---

13 432 A.2d 814 (N.J. 1981)

保險公司之間簽訂合約以分擔其承擔之風險。母親雖擔任公司董事，但長期未參與公司業務之經營。而父親與兒子多次挪用公司資金不當使用，導致公司破產。公司的破產管理人對母親提起訴訟，主張其擔任公司董事執行職務有過失，且因其未積極參與公司經營，亦未做任何努力確保公司遵循法令，有違董事受任人義務，應對公司負損害賠償責任[14]。擔任董事之母親則抗辯其未參與公司任何經營活動，但法院認為公司董事應保持謹慎的態度盡其通常之注意義務，即一名謹慎的董事在管理自己事務時採取決策應盡之注意程度。董事至少應對公司事務有一基本的了解，如其覺得未有足夠的商業經驗來履行董事職責，應透過詢問獲得知識或拒絕成為董事。同時，董事有調查知道事實的義務，無法抗辯其不知而免除董事責任。董事之管理作為並非要求董事對公司日常活動詳細檢視，而是對公司事務和政策進行監督。例如定期出席董事會會議、定期審查財務報表來保持對公司財務狀況之熟悉程度，至於檢視之程度則應依公司性質及業務而定。董事若欲免責，必須真誠地依賴公司法律顧問之意見或書面報告提供有關公司的財務數據，並由獨立會計師或會計師事務所編制或根據財務報表、會計帳簿或公司報告，以代表其對股東負責。當發現違法行為時，董事有責任提出異議，且若公司不糾正該行為，則有義務提出異議。在特殊的情況下，履行董事義務之行為並不限於制止非法行為或辭職，有可能需要諮詢律師或阻止其他董事之行為[15]。故法院表示母親作為一名董事，有義務檢視公司之年度財務報表，若其有檢視財務報表，將有機會發現公司資金遭不當挪用。董事對公司具有監督義務，應對公司之業務有基本之認識並加以監督，董事若以合理的努力探查發現其他董事之違法行為，

---

14 *Id.* at 816-819.
15 *Id.* at 821-823.

並有義務阻止，惟擔任董事之母親違反此義務[16]。換言之，董事對公司業務之執行不能長期放任不管，其主觀上必須真誠地行使決策，對公司財務業務有足夠的了解，且若其真誠地信賴具專業知識之經理人或相關人員之建議，將滿足監督義務之要求。

四、公司雖有建置內部控制制度，但內部控制制度若無法有效運作，董事仍可能構成監督義務之違反。

建置與確保有效運作的內部控制制度之存在是董事監督義務之重要內涵。由於董事應如何善盡監督義務涉及董事何時應注重預防問題之發生，確保內部控制制度之有效運作，以及董事何時應知悉不法情事正在發生並確保公司遵守法令。就前者而言，董事應隨時確保遵守並專注於預防問題，而董事會必須建立適當的內部控制制度。基本上，及時的資訊是滿足董事監督責任的必要條件。董事或許無法阻止所有公司或員工之不法行為。然而，其可以且必須為之者，是建立防止不法行為的內部控制制度，未能建立此類制度會導致違反監督義務。就後者而言，雖然設計良好的監測與內部控制制度有助於發現問題，但不會消除這些問題。一旦相關事實顯示出公司內部控制制度有所不當，或董事會應知悉不法情事正在進行而必須採取行動時，董事如未能對其做出回應，可能會導致監督義務之違反。

---

16 *Id.* at 824-826.

實務專家評論—《董事監督義務》

金玉瑩
建業法律事務所 主持律師兼所長

　　談及公司治理之發展，就要溯回1997年時席捲東亞以及東南亞大部分地區的亞洲金融風暴，再來即是在美國2001年至2002年爆發的重大弊案安隆案(Enron scandal)，皆是引起全球恐慌的重大金融危機。而我國則是有2004年之金融風暴博達案為濫觴，前述案例使吾等反思，隨著企業發展日益茁壯的同時，亦產生許多公司經營管理上之問題，也因為股東無法完全參與公司經營管理，是以，董事如何履行其監督義務越發重要，惟董事之監督義務範圍究竟有多廣為適？則是值得討論之議題。

　　參酌郭大維教授研究意見，目前學說大多數贊同董事監督義務為「董事個人」，由於董事是因其個人義務之履行而為董事會決議，是以應就該董事個人是否有履行其忠實義務及注意義務，來認定於監督義務上有無過失。而董事監督義務究竟係屬《公司法》第23條中之忠實義務或係注意義務之一部分？以目前國內多數學者及司法實務見解認，董事監督義務應涵蓋於注意義務之內，而忠實義務則是在談論公司與董事間之利衝爭議，此部分可參考美國公司有關董事責任減免之規定，如引進經營判斷法則，或可對此問題有所改善，進而完善董事責任之相關法制。

　　實務上，董事得否以公司職務分層負責為理由主張其免責抗辯？此問題或可參考金鼎證券案。法院對該案即認定「董事長對內監督及授權之責任不能以分層負責為理由而卸責」，爰此，經理人或員工從事不法行為致生公司有所損害時，董事如無做相應防範措施，該董事即無可推卸其責，而有違其應盡之監督義務。

　　郭大維教授之論述，亦對董事執行職務提出四點建議，包含「董事如無法親自執行業務而授權管理階層執行，董事應負監督其授權之責

任」、「董事監督義務是以董事個人做為究責對象」、「董事應瞭解公司營運狀而非僅是參與董事會即足」、「公司之內控制度如無法有效運作，恐使董事違反其監督義務」。筆者亦認同上述建議論點，公司董事如能對這些事項有所認識，將有助於其監督義務之實踐。

另觀察金管會所發布之「公司治理3.0—永續發展藍圖」，其公司治理3.0之計畫項目一的核心，即是「強化董事會職能，提升企業永續價值」，為強化董事義務健全公司治理其具體措施即包含「董事會成員多元化」、「強化董事會之職能」、「強化獨立董事及審計委員會職能及獨立性」、「落實董事會之當責性」等，可了解到主管機關近年來亦對這塊相當重視，期能藉由此等具體措施強化董事會之職能，健全我國公司治理。

有關董事監督義務這塊領域，美國法制之發展已較為成熟，具有完備的一套規範機制。美國法肯認「董事監督義務」，如未來國內亦能多參考相應配套措施，對於我國公司董監義務之發展，相信會有所助益。

第四章

衍生性商品交易與公司風險控管義務

林建中

國立陽明交通大學科技法律學院教授

問題說明

近年衍生性金融商品的交易，已經逐漸成為公司經營中常見事項，不論是參與進出口貿易的公司對外匯的避險需求，到境外公司的資金與盈餘管理，甚或是單純以投資獲利為目的之交易需求，都已成為一定規模以上公司常會面對之問題。

然而相關交易也存在大量風險。例如2021年初Archegos對沖基金所引發之事件，即為著例。該基金透過總報酬交換(Total Return Swap)的衍生性商品交易，導致瑞士信貸(Credit Suisse)和野村證券(Nomura)兩大客戶於事件發生後，分別承受單日股價暴跌16.3%與14%重大損失，也均創下單日跌幅紀錄。

由此可知，即便是這些長期嫻熟衍生性商品交易的金融機構，都難免於此類交易突發情況所引發的巨大損失。身為董事，也應對相關金融商品的一般性質、對公司經營所可能引發的風險、與相關法律程序規定有一定瞭解，以避免公司在不小心情況下承受重大損失，並進一步連帶擔負天價般的個人責任。

※相關事實背景資訊可參考：

- 鉅亨網，編譯張博翔，「Archegos 爆倉危機 全球銀行業虧損估超過60 億美元」，2021/03/30。https://news.cnyes.com/news/id/4621523
- 中央社，潘姿羽，「纏訟逾 10 年開發金與摩根士丹利達成和解」，2021/3/23，https://www.cna.com.tw/news/afe/202103230002.aspx

壹、前言

我國證券交易法（下稱證交法）第三十六條之一，規定「公開 發行公司取得或處分資產、從事衍生性商品交易、資金貸與他人、為他人背書或提供保證及揭露財務預測資訊等重大財務業務行為，其適用範圍、作業程序、應公告、申報及其他應遵行事項之處理準則，由主管機關定之。」金融監督管理委員會依前開授權所制訂之「公開發行公司取得或處分資產處理準則」，因而成為我國公開發行公司在取得處分重大資產與衍生性金融商品的主要規範。

衍生性商品的投資或使用，由於其涉及**商品本身複雜性**，逐漸在台灣的公司治理面向產生越來越多的問題。此一情況主要根源來自於金融衍生性商品複雜性與**價格快速波動**之性質。但另一方面也來自於公司內部，例如中小型公司中**控制股東的權限濫用**，與公司內控的不足等問題，都使得情況更加複雜。同時，在金融性衍生商品的銷售上，**金融機構業務人員在推銷與介紹上的缺漏或省略**，也常會使原本可能使用衍生性金融商品的正當目的容易受到濫用或不良影響。換言之，銷售面與公司治理面的問題，皆使得金融衍生商品原有的高波動問題，更加嚴重。

從整體角度來說，特別在台灣的情況，衍生性金融商品之使用，仍常見濫用問題。首先，在公司進行衍生性金融商品的交易時，其實並不容易分辨到底是否出於正當商業動機。即便特定交易與公司業務能找到合理連結，交易的數量與頻率，有時也會出現令人憂心或質疑的情形。所以在面對這種情況下，如果交易造成公司金錢上損失，是否會出現董事或經理階層受任人義務的違反？在判斷上，其審視標準又應該為何？均是我們在此想要進一步瞭解的問題，也是現代公司與董事會在面對複雜金融商品時，所不得不關心的。

貳、衍生性金融商品交易責任概說

在討論相關問題之前，我們需先簡單介紹公司在交易衍生性商品時，涉及之法律規範。

一、證券交易法第三十六條之一及「公開發行公司取得或處分資產處理準則」

依據證券交易法第三十六條之一，及「公開發行公司取得或處分資產處理準則」規定，公開發行公司進行衍生性金融商品交易，必須依循「公開發行公司取得或處分資產處理準則」。此參見「公開發行公司取得或處分資產處理準則」第三條，即可瞭解：

「本準則所稱資產之適用範圍如下：

一、 股票、公債、公司債、金融債券、表彰基金之有價證券、存託憑證、認購（售）權證、受益證券及資產基礎證券等投資。
二、 不動產（含土地、房屋及建築、投資性不動產、營建業之存貨）及設備。
三、 會員證。
四、 專利權、著作權、商標權、特許權等無形資產。
五、 使用權資產。
六、 金融機構之債權（含應收款項、買匯貼現及放款、催收款項）。
七、 衍生性商品。
八、 依法律合併、分割、收購或股份受讓而取得或處分之資產。
九、 其他重要資產。」

而衍生性商品的定義，根據同準則第四條規定：

第四條

「本準則用詞定義如下：

一、衍生性商品：指其價值由特定利率、金融工具價格、商品價格、匯率、價格或費率指數、信用評等或信用指數、或其他變數所衍生之遠期契約、選擇權契約、期貨契約、槓桿保證金契約、交換契約，上述契約之組合，或嵌入衍生性商品之組合式契約或結構型商品等。所稱之遠期契約，不含保險契約、履約契約、售後服務契約、長期租賃契約及長期進（銷）貨契約。」

而根據上開「公開發行公司取得或處分資產處理準則」，公開發行公司在處理衍生性金融商品交易時，實際上需依循兩組規範：第一是「處理程序之訂定與遵守」，第二是「資訊公開」。在「處理程序之訂定與遵守」部分，首先依據「公開發行公司取得或處分資產處理準則」第六條，公司需自行訂定取得或處分資產處理程序，其程序需要董事會、審計委員會與股東會同意。

第六條

「公開發行公司應依本準則規定訂定取得或處分資產處理程序，經董事會通過後，送各監察人並提報股東會同意，修正時亦同。如有董事表示異議且有紀錄或書面聲明者，公司並應將董事異議資料送各監察人。

已依本法規定設置獨立董事者，依前項規定將取得或處分資產處理程序提報董事會討論時，應充分考量各獨立董事之意見，獨立董事如有反對意見或保留意見，應於董事會議事錄載明。

已依本法規定設置審計委員會者，訂定或修正取得或處分資產處理程序，應經審計委員會全體成員二分之一以上同意，並提董事會決議。

前項如未經審計委員會全體成員二分之一以上同意者，得由全體董事三分之二以上同意行之，並應於董事會議事錄載明審計委員會之決議。

第三項所稱審計委員會全體成員及前項所稱全體董事,以實際在任者計算之。」

同時,「公開發行公司取得或處分資產處理準則」第七條,也一般性規定取得或處分資產處理程序應該包括的事項。大體上,其概念上要求公司針對公司規模與處分資產的大小,進行配對,以決定執行單位與交易流程;同時,也要求一定控管程序。至於衍生性金融商品,還需要制訂另外處理程序。

第七條

「公開發行公司訂定取得或處分資產處理程序,應記載下列事項,並應依所定處理程序辦理:

一、 資產範圍。
二、 評估程序:應包括價格決定方式及參考依據等。
三、 作業程序:應包括授權額度、層級、執行單位及交易流程等。
四、 公告申報程序。
五、 公司及各子公司取得非供營業使用之不動產及其使用權資產或有價證券之總額,及個別有價證券之限額。
六、 對子公司取得或處分資產之控管程序。
七、 相關人員違反本準則或公司取得或處分資產處理程序規定之處罰。
八、 其他重要事項。

公開發行公司之關係人交易、從事衍生性商品交易、進行企業合併、分割、收購或股份受讓,除應依前項規定辦理外,並應依本章第三節至第五節規定訂定處理程序。

公開發行公司不擬從事衍生性商品交易者,得提報董事會通過後,免予訂定從事衍生性商品交易處理程序。嗣後如欲從事衍生性商品交易,仍應先依前條及前項規定辦理。

公開發行公司應督促子公司依本準則規定訂定並執行取得或處分資產處理程序。」

二、「公開發行公司取得或處分資產處理準則」中特別針對衍生性商品部分

於「公開發行公司取得或處分資產處理準則」中第二章第四節（第十九條至第二十二條），特別針對衍生性商品的部分進行額外規範。其中第十九條規定特殊程序的一般概念。亦即，要求制訂交易原則、權責劃分、風險管理、內部稽核、定期評估，以及得從事衍生性商品交易之契約總額及全部與個別契約損失上限金額等。

第十九條

「公開發行公司從事衍生性商品交易，應注意下列重要風險管理及稽核事項之控管，並納入處理程序：

一、 交易原則與方針：應包括得從事衍生性商品交易之種類、經營或避險策略、權責劃分、績效評估要領及得從事衍生性商品交易之契約總額，以及全部與個別契約損失上限金額等。
二、 風險管理措施。
三、 內部稽核制度。
四、 定期評估方式及異常情形處理。」

緊接著在第二十條規定了應採行之具體風險管理措施，包括人員分屬與定期評估。

第二十條

「公開發行公司從事衍生性商品交易，應採行下列風險管理措施：

一、 風險管理範圍，應包括信用、市場價格、流動性、現金流量、作業及法律等風險管理。

二、 從事衍生性商品之交易人員及確認、交割等作業人員不得互相兼任。

三、 風險之衡量、監督與控制人員應與前款人員分屬不同部門，並應向董事會或向不負交易或部位決策責任之高階主管人員報告。

四、 衍生性商品交易所持有之部位至少每週應評估一次，惟若為業務需要辦理之避險性交易至少每月應評估二次，其評估報告應送董事會授權之高階主管人員。

五、 其他重要風險管理措施。」

　　嚴格來說，本條規定相對嚴格，主要觀念在從事交易作業人員與風險衡量人員的禁止兼任，以及持有部位的每二週或每月評估。

　　而在「公開發行公司取得或處分資產處理準則」第二十一條中，則規定了董事會的監督責任：

第二十一條

「公開發行公司從事衍生性商品交易，董事會應依下列原則確實監督管理：

一、 指定高階主管人員應隨時注意衍生性商品交易風險之監督與控制。

二、 定期評估從事衍生性商品交易之績效是否符合既定之經營策略及承擔之風險是否在公司容許承受之範圍。

董事會授權之高階主管人員應依下列原則管理衍生性商品之交易：

一、 定期評估目前使用之風險管理措施是否適當並確實依本準則及公司所定之從事衍生性商品交易處理程序辦理。

二、 監督交易及損益情形，發現有異常情事時，應採取必要之因應措施，並立即向董事會報告，已設置獨立董事者，董事會應有獨立董事出席並表示意見。

公開發行公司從事衍生性商品交易，依所定從事衍生性商品交易處理程序規定授權相關人員辦理者，事後應提報最近期董事會。」

基本上，本條針對董事會之規範相對簡單，主要要求董事會指定高階主管人員進行監督。具體內容，一樣是回到公司內部制訂之衍生性商品交易處理程序而予處理。而「公開發行公司取得或處分資產處理準則」第二十二條則規定記錄義務，亦即就公司從事衍生性商品交易要求就程序遵守部分，登載於備查簿備查[1]。

最後關於衍生性商品交易，「公開發行公司取得或處分資產處理準則」第三十一條，復規定有相關的資訊公開程序。其中相關的部分有：

第三十一條第一項第三款：

「公開發行公司取得或處分資產，有下列情形者，應按性質依規定格式，於事實發生之即日起算二日內將相關資訊於本會指定網站辦理公告申報：……

三、 從事衍生性商品交易損失達所定處理程序規定之全部或個別契約損失上限金額。」

---

1 「公開發行公司取得或處分資產處理準則」第二十二條：「公開發行公司從事衍生性商品交易，應建立備查簿，就從事衍生性商品交易之種類、金額、董事會通過日期及依第二十條第四款、前條第一項第二款及第二項第一款應審慎評估之事項，詳予登載於備查簿備查。
公開發行公司內部稽核人員應定期瞭解衍生性商品交易內部控制之允當性，並按月稽核交易部門對從事衍生性商品交易處理程序之遵循情形，作成稽核報告，如發現重大違規情事，應以書面通知各監察人。
已依本法規定設置獨立董事者，於依前項通知各監察人事項，應一併書面通知獨立董事。
已依本法規定設置審計委員會者，第二項對於監察人之規定，於審計委員會準用。」

第四項規定：

「公開發行公司應按月將公司及其非屬國內公開發行公司之子公司截至上月底止從事衍生性商品交易之情形依規定格式，於每月十日前輸入本會指定之資訊申報網站。」

根據上述規定，目前公開發行公司均需於公開資訊觀測站依月填具衍生性商品交易資訊。[2]

三、其餘部分

a. 「**公開發行公司建立內部控制制度處理準則**」。其中主要與衍生性商品有關的，規定在第十三條。該條規定：

「公開發行公司內部稽核單位應依風險評估結果擬訂年度稽核計畫，包括每月應稽核之項目，年度稽核計畫並應確實執行，據以評估公司之內部控制制度，並檢附工作底稿及相關資料等作成稽核報告。

公開發行公司至少應將下列事項列為每年年度稽核計畫之稽核項目：

一、法令規章遵循事項。
二、取得或處分資產、從事衍生性商品交易、資金貸與他人、為他人背書或提供保證之管理及關係人交易之管理等重大財務業務行為之控制作業。
三、對子公司之監督與管理。
四、董事會議事運作之管理。
五、財務報表編製流程之管理，包括適用國際財務報導準則之

---

2 可參考 https://mops.twse.com.tw/mops/web/t15sf

管理、會計專業判斷程序、會計政策與估計變動之流程等。

六、 資通安全檢查。

七、 銷售及收款循環、採購及付款循環等重要營運循環。

公開發行公司設置審計委員會者，其年度稽核計畫，應包括審計委員會議事運作之管理。

股票已上市或在證券商營業處所買賣之公司之每年年度稽核計畫，尚應包括薪資報酬委員會運作之管理。

公開發行公司年度稽核計畫應經董事會通過；修正時，亦同。

公開發行公司已設立獨立董事者，依前項規定將年度稽核計畫提報董事會討論時，應充分考量各獨立董事之意見，並將其意見列入董事會紀錄。

第一項之稽核報告、工作底稿及相關資料應至少保存五年。」

　　根據該條規定，衍生性商品交易的控制作業必須列在年度稽核計畫中，與其他稽核計畫的內容併予執行。

b. 「公開發行公司年報應行記載事項準則」。其中第二十條第一項規定「公司應就財務狀況及財務績效加以檢討分析，並評估風險事項，其應記載事項如下：

......

六、 風險事項應分析評估最近年度及截至年報刊印日止之下列事項：

（一）利率、匯率變動、通貨膨脹情形對公司損益之影響及未來因應措施。

（二）從事高風險、高槓桿投資、資金貸與他人、背書保證及衍生性商品交易之政策、獲利或虧損之主要原因及未來因應措施。」

  c. 「發行人編製財務報告相關補充規定」：其中第3點規定「從事衍生性商品交易者，應依照本會八十五年一月二十九日(85)台財證（六）第００二六三號函「公開發行公司從事衍生性商品交易財務報告應行揭露事項注意要點」及財務會計準則公報第二十七號「金融商品之揭露」等規定辦理。」[3]

四、小結

  從以上的規定，可以明確知道依現行證券交易法與相關規定，董事對於公司衍生性商品交易，具有維持一定內部程序運作與整體之監督義務。但是當某些交易出錯或出現大量虧損的時候，這些規範仍有相對模糊的問題。具體適用上，如何連結到相關董事究竟會需要或不需要承擔怎樣的個人責任？就成為訴訟中值得注意的問題。同時，也必須注意證券交易法第一百七十一條「非常規交易」的問題。依據該條，[4]不論是不合營業常規之交易、或是違背職務導致公司受損，條文上都可能與衍生性商品交易有所重合，而使得衍生性商品交易的過程中，可能同時引發重度刑事責任的情形。在這種情況下，董

---

3 「公開發行公司從事衍生性商品交易財務報告應行揭露事項注意要點」係於 85 年 1 月 29 日 (85) 台財證（六）第 00263 號函發布，於民國 94 年 02 月 17 日經金管證六字第 0940000666 號函廢止。而原財務會計準則公報第二十七號「金融商品之揭露」，則由 2005.6.23 發布的第 36 號公報「金融商品之表達及揭露」取代。請參考財團法人會計研究發展基金會，財務會計準則公報系列，「財務會計準則公報部分作廢說明」，https://www.ardf.org.tw/center2.html （最終到訪日：2021.8.16）

4 證券交易法第一百七十一條：
「有下列情事之一者，處三年以上十年以下有期徒刑，得併科新臺幣一千萬元以上二億元以下罰金：
……
二、已依本法發行有價證券公司之董事、監察人、經理人或受僱人，以直接或間接方式，使公司為不利益之交易，且不合營業常規，致公司遭受重大損害。
三、已依本法發行有價證券公司之董事、監察人或經理人，意圖為自己或第三人之利益，而為違背其職務之行為或侵占公司資產，致公司遭受損害達新臺幣五百萬元。」

事可能同時需要面對民事（公司法上的受任人義務、注意義務；[5]
與契約法上的善良管理人義務）及刑事（證券法）等面向的法律責任。
而民事上，除了一般的董事監督義務違反的受任人義務問題之外，也可
能會出現相關行為是否是經合法代理之公司行為的爭議。這些問題的變
化，也都是在實務上值得密切觀察之處。

　　以下本章將針對台灣與美國法院中出現過的相關案例予以介紹，
並試著觀察整理法院對此一問題之可能觀點。

5　我國公司法第 23 條第 1 項規定「公司負責人應忠實執行業務並盡善良管理人之注意義
　　務，如有違反致公司受有損害者，負損害賠償責任。」

參、衍生性金融商品交易於我國法院個案中呈現之情形

根據案例檢索，我國迄今出現有關公司進行金融衍生性商品交易引發法律紛爭的案例中，常見小型公司進行複雜衍生性金融商品交易引發之問題。這些情況，特別由於公司主事者常就是大股東，所以常會見到跳過內部向董事求償，轉向希望與金融機構就損失部分，主張減免或分擔，並挑戰相關交易的適法性。

實務案例一：Maxing公司案

原告為設立於英屬維京群島之境外公司M公司；另一原告陳O為M公司之法定代理人；被告為C銀行股份有限公司（下稱：C銀行）；被告費某為C銀行商業金融處經理，與另名被告胡某皆受僱於C銀行（以下合稱：被告員工）。

於民國103年1月，M公司於C銀行國際金融業務分行(OBU)以境外法人身份開立境外帳戶，由M公司提供人民幣六百餘萬元之定存單設質擔保後，C銀行提供24個月、美金300萬元之金融交易風險額度予M公司承作匯率相關交易，並與M公司簽署金融交易契約。M公司於103年2月承作「每期比價名目本金100萬美元對200萬美元、每月比價、最多比較24個月、執行價6.12、保護點6.2、獲利累積達5000點即可出場之美金/人民幣匯率選擇權交易（下稱：系爭交易，此金融商品下稱：系爭TRF商品）」，由M公司授權交易人鄭O簽署系爭交易確認書。

依103年4月15日比價結果，M公司應給付200,800元人民幣。M公司隨即於同年月18日以「延期比價」方式，另行承作兩筆到期日分別為104年11、12月、執行價6.27元、收取人民幣約205,800元權利金之美金/人民幣匯率選擇權交易。於103年4月22日，M公司以其收取之權利金支付人民幣200,800元予C銀行。然依103年5月15日比價結果，M公司應給付人民幣213,000元，M公司如數給付；又依103年6月17日比價結果，M公司應給付人民幣211,200元，M公司亦如數給付。

M公司事後主張系爭交易為脫法行為，並認為其已撤銷系爭交易，因而主張C銀行應依不當得利法律關係請求返還所受領之給付，即共計人民幣424,200元及至清償日止按週年利率5%計算之利息。

一、分析

此類案件類型在台灣法院判決系統中佔相關案件一定數量。主要是因為中小型企業在台灣仍佔多數，但我國金融機構在推銷或承作衍生性金融商品時，可能高估了客戶的承受能力，或者是客戶過於樂觀，而於承受損失後發現與其預期差距過遠，因而致生糾紛。這些案件（如臺中地院103年度訴字第3271號、台灣高等法院107年度金上字第4號）都清楚地表達了法院在一般觀點上對相關契約的相對尊重。因而商品買入方的契約無效抗辯，均大體面對失敗結論。

例如在臺中地院103年度訴字第3271號案件中（即本例所引述公司），法院就分別就相關爭點，為如下之判斷。

- **衍生性商品交易的屬性、與銷售過程有無違反金管會規定？**

首先，就系爭交易是否為脫法行為而無效的問題，Maxing公司主張O銀明知系爭TRF商品屬境外衍生性金融商品，未經主管機關核准不得於境內銷售，卻勸誘原告陳O及鄭O以Maxing公司名義承作 系爭交易。其次，原告主張被告員工未充分揭露系爭TRF商品之適合度及風險，違反銀行公會於103年6月20日訂定之「銀行辦理衍生性金融商品自律規範（下稱：「自律規範」）」第25點、第26點、第27點及金管會於102年1月30日訂定之「銀行辦理衍生性金融商品業務應注意事項（下稱：「注意事項」）」第20點、第21點第2項、第23點、第30點等保護他人法律。

關於此點，法院認為，多數本國銀行已銷售TRF商品多年，依且相關函令，系爭TRF商品於我國境內並非不得銷售。且若中信銀與原告陳O及鄭O於境內為系爭交易，非法律所禁止。

其次，依照「銀行國際金融業務分行辦理衍生性金融商品業務規範（下稱：「業務規範」）」，對於**國際金融業務分行**之衍生性金融商品客戶已無專業客戶與一般客戶之區分，而責由銀行本於內部控制與風險控管，自行訂定接受客戶之標準等作業規範。又原告所依據之「注意事項」第23點，係適用於「注意事項」所稱之一般客戶，然而Maxing公司為境外法人，依「注意事項」第4點之定義，Maxing公司並非該「注意事項」所稱之一般客戶，因此原告所依據之第23點亦不適用於系爭交易。[6]

6 　另法院認為，依「注意事項」第 2 點之定義，「注意事項」中所稱結構型商品，係指銀行以交易相對人身分與客戶承作之結合固定收益商品與衍生性金融商品之組合式交易。本件系爭 TRF 商品雖為衍生性金融商品，惟並未結合固定收益商品，非屬「注意事項」中所稱之結構型商品。原告主張系爭 TRF 商品為結構型商品，係屬錯誤。進而原告所依據之「注意事項」第 30 點，於此並無適用餘地。

- **當事人適格**

本件原告亦主張本件交易實際當事人為陳O與鄭坤楠二人，以Maxing公司名義簽訂，僅為迴避法律規定，行為應屬無效。然而就此部分，法院亦以契約簽訂名義認定，而認為本件交易當事人為Maxing公司。

- **銀行方同時擔任交易協助與交易對手的利益衝突**

Maxing公司另主張依據之「注意事項」第20點，「銀行向客戶提供衍生金融商品交易服務，應以善良管理人之注意義務及忠實義務，本誠實信用原則為之。」法院認為，因系爭交易中中信銀為Maxing公司之交易對手，故此處之善良管理人注意義務，並非指受任人義務。法院認為所謂善良管理人注意義務及忠實義務，係指中信銀承作系爭交易時，應遵循「業務規範」第4點及「注意事項」第21點中，有關內部控制及風險控管作業之相關規範，即要求銀行進行OBU業務及接待非屬專業機構之專業客戶時，應自訂相關業務標準及內部作業流程。

而本件中信銀依上開規定，訂有「全球法人金融事業衍生性金融商品認識客戶辦法(Guidelines of Know Your Customer for Derivatives)」。於承作系爭交易前，Maxing公司皆已由被告員工填妥客戶檢核表，被告員工亦確實進行相關風險揭露及告知事項，堪認被告員工之行為均符合上開金管會「業務規範」第4點及「注意事項」第20點及第21點之規定，被告員工並無違反保護他人法律之行為。

- **基本告知義務**

此外，本件雙方爭執在具體商品交易中，銀行是否已提供充分資訊、或有無以誤導方式使交易當事人陷於錯誤的問題。原告主張O銀故意提供錯誤資訊使Maxing公司誤信系爭TRF商品屬穩健投資，且未說明「市價評估規則(mark-to-market)」及「延後比價」之不利條件，故意隱匿系爭交易潛在損失為無上限之事實，致Maxing公司陷於錯誤而

為系爭交易。然而法院認為，銀行於承作系爭交易前，銀行員工曾向Maxing公司說明系爭TRF商品之架構。另根據金融交易契約、授信額度核定通知書、英文版交易確認書及以電子郵件寄送之產品參考條件、免責聲明、風險預告書，系爭交易中提供之各式說明及產品內容皆與類似交易相同，並無錯誤之處。Maxing公司於被告員工提供上開文件後，仍允為交易，應已考量系爭交易獲利、損失風險等因素，難認中信銀有提供不實資訊或隱匿交易條件等詐欺Maxing公司之行為。

- 誤導部分

　　此外，原告主張被告員工曾提供提及「人民幣長期升值趨勢持續」、「年化收益可達10%-15%」、「約4個月即可獲利了結」之簡報，然法院以該簡報之製作日期為102年度，該年度內人民幣確實呈現升值，被告員工依歷史走勢分析、介紹商品，難認有提供不實資訊之行為。此外，法院並以該簡報資料已表明僅供參考而非投資建議；金融交易契約書亦說明系爭交易可能因市場行情不利時受有損失，極端損失可能無限大。據此認為中信銀未提供不實資訊且平衡告知產品風險，Maxing公司提出被告員工故意提供錯誤資訊並隱匿風險之主張並不足採。

- 契約中延後比價之設計

　　原告另主張被告員工向原告陳O、鄭O說明系爭TRF商品時，曾提供如比價時發現不利，可選擇不比價，而以延後比價之方式避開比價不利之錯誤資訊。被告員工則以「延後比價」是指由銀行與客戶另筆到期日在後、同幣別且執行匯率較當時市場匯率為優之選擇權交易，由該筆交易收取之權利金支付原交易損益，該筆交易至約定日按新交易條件結算，客戶仍須負擔後續比價風險為抗辯。

　　法院認為，Maxing公司於103年4月17日比價發現不利時，即另外承作兩筆到期日在後之TRF商品，並以收取之權利金填補系爭交易當期比價損失，此與被告員工提供之延後比價操作方式相符。且若依

Maxing公司主張，所謂延後比價係指比價不利時先不比價，待比價有利時再行比價，則系爭交易豈非穩賺不賠，顯不合常理。因此，Maxing公司主張被告員工提供延後比價即可避開比價不利風險之錯誤資訊，致其陷於錯誤而為系爭交易，亦非可採，法院因而認為Maxing公司不得依民法第92條撤銷意思表示。

- 交易人能力

Maxing公司另主張依民法第88條撤銷系爭交易之意思表示。惟法院認為中信銀已敘明系爭交易之架構及內容；相關說明文件亦明載係僅供參考而非投資建議；交易契約書及風險預告書更載明系爭交易之損失風險，且內容白話。且考量Maxing公司為資產總額達美金一千兩百餘萬元之境外公司，授權交易人陳O曾擔任大學講師，鄭O曾擔任晨星半導體之高階經理人，對上開文書自無難以理解之情事。此外，自簽署金融交易契約書後至實際承作系爭交易有三日時間，足以充分詳閱系爭TRF商品之內容。從比價不利後Maxing公司陸續給付人民幣200,800、213,000、211,200元之情形，足見Maxing公司清楚知悉系爭TRF商品之交易方式。再者，即使Maxing公司對系爭TRF金融商品產生錯誤認識，惟此亦係因其未詳閱交易文件所致，乃可歸責Maxing公司自己之過失，不得依民法第88條撤銷意思表示。

二、小結

從本件情況分析，相關金融性衍生商品之交易活動，法院傾向採取尊重契約自由的基本態度。值得關注的，是法院指出銀行提供衍生性金融商品之「善良管理人注意義務及忠實義務」標準，係遵循與該交易有關之行政命令及內部規範。而OBU衍生性金融商品業務之監理，更是明顯仰賴銀行內部規範。

因此就金融衍生性商品的定位與銷售方的義務，本判決提供了相對清晰的指標，亦即，買入方在類似訴訟中，可能必須預期將損失責任部分歸責於銷售端的訴訟策略，並沒有太高獲得法院支持之可能。此一

理解將有助於董事會在面臨新型態金融商品交易時，擬具可能的訴訟策略。

肆、衍生性金融商品交易於美國案件中呈現問題

實務案例二：CCM公司案

Controladora Commercial Mexicana S.A.B. De C. V. （下稱：CCM）係一墨西哥公司，為墨西哥最大零售業者，業務多以美元進口商品，並以美元融資，具有美元兌墨西哥披索的避險需求，自1990年便主要透過JPMorgan Chase Bank, N.A.（下稱：JPM），從事各式衍生性金融商品交易。

衍生品交易之雙方通常會先簽署ISDA金融契約總約定書(Master Agreement)及ISDA信用擔保附約(Credit Support Annex)，嗣後始承作衍生品交易。每筆交易係以交易確認書(trade confirmation)記載交易條件。根據總約定書，總約定書及雙方間所有交易確認書合併視為單一契約。1999年開始，CCM與JPM簽署總約定書及CSA（合稱系爭ISDA合約），此後並向JPM承作多筆衍生品交易，內容大多係於特定日期以事前約定匯率購買或出售一定金額之美元。

2008年，披索持續強勢，CCM當時的未結清交易(outstanding trade)大多係看空披索，因而承受市價評估損失(mark-to-market loss)。有鑑於此，CCM開始買入多筆看多披索之交易，內容主要是當履約價優於即期匯率時，CCM有權以

較即期匯率高的履約價，出售美金並收取披索。CCM另要求履約價格之優惠(favorable rate)，代價係CCM達一定獲利後系爭交易即終止，即自動停利。且當披索價格走弱時，CCM須以履約價出售2倍數量之美元。

2008年10月前，CCM多次因自動停利出場。惟10月上旬，美元急劇上漲，JPM對CCM之市價評估曝險也因此增加。依據總約定書，JPM須計算CCM之曝險，當CCM提供之擔保品不足時，JPM有權請求CCM額外提供擔保。同月3日及6日，CCM之市價評估曝險觸及保證金不足之水位，JPM因此發出增額擔保通知，CCM未能提供，因而違反系爭ISDA合約。同月7日，JPM通知CCM「若未能於2日內解除違約之情形，將構成「違約事件(Event of Default)」。

違約事件成立後，依據系爭ISDA合約，未違約方得宣告「提前終止日(Early Termination Date)」，並終止雙方間全數交易。收到該通知後CCM仍未能提供擔保品。同月9日，CCM於墨西哥市聲請破產保護(insolvency)，此一聲請亦構成另一違約事件。

同月10日，JPM寄發通知告知CCM已構成違約事件，且10日即為提前終止日。JPM於同日平倉其與CCM間之全數交易，並於16日告知CCM經擔保品抵銷後，其所受平倉損失為477,590,253美元。JPM於11月提起訴訟請求CCM賠償其不少於477,590,253美元。CCM則以反訴主張JPM構成詐欺(fraud)及過失不實陳述(negligent misrepresentation)、違反受任人義務(fiduciary duty)、違反紐約一般商業法第349條、系爭交易違法且無效、違反損害賠償減輕義務(mitigation)。

一、問題類型與分析

　　上開案例，係由2010年紐約州最高法院所處理之JPMorgan v. Controladora（Controladora案）[7]一案取材。此一案例中，可以清楚看到以進出口為主要業務的企業，有大量依賴匯率避險的現實且長期需求。然而在規劃商品達成此一目的時，複雜的契約條款（包括主契約、信用擔保附約及交易確認書），一方面使得經常使得買入此類衍生性商品的公司與董事會都無法完全理解或清楚掌握在特殊情況出現時，雙方應承擔之義務與採取之行為；另方面，量身定做的交易條件，也使得在特殊情況下，出現比原預期結果放大非常多倍的槓桿效果。這些問題，對於公司經營的挑戰與穩定，確實無法輕忽，而需經營管理階層審慎以對。

二、本件爭點

1. JPM是否構成詐欺及過失不實陳述？
2. JPM是否違反受任人義務？
3. JPM是否違反紐約一般商業法(General Business Law)第349條？
4. 系爭交易是否違法？效力為何？
5. JPM是否未履行其損害賠償減輕義務？

三、法院見解

1.　JPM是否構成詐欺及過失不實陳述？

　　否。CCM主張JPM隱匿系爭交易具有「潛在巨大風險」的事實，構成詐欺與過失不實陳述(fraud/negligent misrepresentation)。

　　本件法院認為，兩項主張的成立，皆須以兩造間具有合理的相互

7　JPMorgan Chase Bank, N.A. v. Controladora Comercial Mexicana S.A.B. De C.V., 29 Misc. 3d 1227(A), 920 N.Y.S.2d 241 (Sup. Ct. 2010), 2010 WL 4868142.

信賴關係(reasonable reliance)為前提。惟依據系爭ISDA合約中的無信賴聲明條款(non-reliance clause)，CCM已聲明其進行交易時並無信賴JPM之陳述或投資建議，且其有能力瞭解系爭交易。因此，法院認為此一條款已足以駁回CCM有關詐欺及過失不實陳述之主張。

CCM又辯稱JPM就系爭交易相關事實有「優勢知識地位」，且JPM並未使CCM瞭解該些重要事實。CCM財務主管作證表示，其並無足夠知識瞭解系爭交易中涉及的「觸及出場遠期合約(Knock-out Forward)」、「樞紐價(Pivots)」及「具非線性風險結構式期權產品(TARNS)」等概念中潛藏之巨大風險，且其認為JPM當時派出的交易人員也不曾理解其提供之系爭交易本質上含有巨大風險。

本件法院則認為，於*Republic Natl. Bank v. Hales*案(下稱*Hales*案)中，法院也曾面對類似的主張，Hales案與本案的客戶方都試圖營造自己對於交易的理解程度相當於是「不經世事的嬰兒(babe in the woods)」。但CCM與數家金融機構從事衍生品交易已逾15年之久，交易確認書中也已明確說明系爭交易之進行方式及各種情境模擬下的風險，其中也模擬了類似於2008年秋季的情形。故法院認定CCM具有足夠經驗(sophisticated)，且系爭交易中沒有重要資訊被隱藏。

CCM接著又爭執依據*Swersky v. Dreyer & Traub*案中之「重要事實原則(special fact doctrine)」，主張交易中具有優越知識的人應將重要事實揭露予相對人。惟法院認為，若交易中之重要事實係運用通常知識者即得瞭解，則無該原則之適用。本案中，系爭ISDA合約所記載之資訊並非由JPM所獨有，CCM可透過諮詢律師及第三方顧問評估系爭交易之風險，CCM不應任意迴避契約責任。

最後，CCM又主張系爭ISDA合約及交易確認書中之排除條款(disclaimer)不夠具體明確(non-specific)，屬通用標準化條款(boilerplate)，而其所主張的是「口頭告知形式的不實陳述(oral misrepresentation)」，因此單憑文件上排除條款無法對抗其提出之詐欺

主張。關於此點，法院認為系爭ISDA合約中之無信賴聲明條款，對於衍生品交易而言已足夠具體，因此CCM不得主張其與JPM間構成任何系爭ISDA合約已排除之信賴關係。

2. JPM是否違反受任人義務？

否。CCM主張JPM違反受任人義務，即使系爭ISDA合約中之聲明已明確排除此一義務。

法院認為，當交易雙方都屬於有經驗的企業(sophisticated business entities)時，且交易係屬正常交易(arm-length)，則應由契約決定雙方之關係。因此，當契約中明確記載雙方非屬受託關係，則任何受託義務違反之主張，即沒有成立之空間。本案中，系爭ISDA合約已明確載明JPM就系爭交易並非擔任CCM之受任人，亦非擔任其財務顧問。因此CCM就JPM違反受任人義務之主張並不成立。

CCM另主張，JPM努力地營造CCM屬於其「客戶」之概念，且JPM長期以來憑藉其知識及專業為其客戶創造利益，因此雙方存在「特殊信賴關係」。惟法院認為，不會因為JPM偶爾在討論投資條件之往來文書中稱呼CCM為客戶就因此建立起特殊信賴關係，且該些往來文書上也已註明係「僅供討論之用」。有經驗的商業人士不會因為這些非正式文件，即認為雙方已成立受託關係。

CCM又主張，依據*Apple Records, Inc. v. Capitol Records, Inc.*案，其與JPM間「長久且多次的交易關係(long history of transactions)」使得JPM對CCM負有受任人義務。惟法院認為，*Apple Records*案中法院依據的不僅是當事人間有長期的合作，法院也認識到該案之當事人Beatles是天真、不具有足夠智識的音樂人，因此才有受託義務關係的成立。本案中，CCM是大型且有經驗的商業公司，因此本案並不成立受託義務關係，CCM之主張為無理由。

3. JPM是否違反紐約一般商業法(General Business Law)第349條？

　　CCM主張系爭交易係具有詐欺性質，因此違反GBL第349條。然而法院認為，紐約一般商業法第349條之重要構成要件是「該行為與消費者有關(consumer oriented)」，即行為須對廣大消費者有所衝擊，且GBL第349條所規範的交易類型並不涵蓋有經驗的商業人所進行的鉅額金融交易。本案中CCM未能說明系爭交易為何與消費者有關，且系爭交易是有經驗的商業人士所從事的正常商業交易，故沒有GBL第349條之適用。此外，法院對於證券交易或是類似系爭交易的金融交易一貫都排除GBL第349條的適用。因此，本案法院認為CCM之此一主張並不足採。

4. 系爭交易是否違法？效力為何？

　　本件中CCM主張依據墨西哥法，系爭交易違法且不具執行力。然法院認為，依據*Korea Life Ins. Co., Ltd. v. Morgan Guar. Trust. Co. of N.Y.*一案，當訴訟中有一造宣稱違反外國法，則「不法之成立(the existence of illegality)」應以行為地法律決定，而判斷「不法之效力(the effect of illegality)」時，應以選法規則決定適用法。

　　本案中，總約定書明確記載系爭ISDA合約之準據法為紐約法。因此，即使系爭交易依據墨西哥法成立不法，仍須依據紐約法判斷CCM與JPM間之權利義務關係。

　　Korea Life案中，法院認為衍生品交易即使依據韓國法屬於不法，但依據紐約法該衍生品交易並非無效。依據紐約法，不法之契約僅有在本質違法(*malum in se, i.e.*, inherently immoral)時無效而不具有執行力。當契約之履行會違背法令(*malum prohibitum*)時，該契約也會成立不法，且若該契約(1)仍未履行完成(still executory)；或(2)契約之當事人不具有同等過錯(pari delicto)時，該契約之效力為無效。

　　本案中，CCM主張系爭交易之履行係違背法令(malum prohibitum)，其依據墨西哥法就契約不法，為全然無辜的當事人。並主張該契約仍未履行完成且其並不具有同等過錯，

　　法院認為，系爭交易並非未履行完成。一未履行完成的契約(executory contract)係指有一方當事人於未來有義務尚待履行；而CCM主張其尚有金額未支付予JPM，因此契約仍未履行完成。惟法院認為，若僅是「單方支付價金之義務」不足以支持契約成為未履行完成契約。法院依據諸多前案指出，「當契約之一方當事人已完全履行契約義務，只待對方支付價金，此時該契約並非未履行完成，而應視為履行完成。」本案中，JPM已依據系爭ISDA合約履行其義務，JPM並依據其契約上之權利設立提前終止日並終止全數與CCM之交易。當全數交易一經終止，則系爭ISDA合約即非未完成履行。

　　再者，法院認為CCM就其所主張之契約不法，並非全然無辜的當事人。依據系爭ISDA合約條款，CCM已明確聲明「其有能力履行系爭ISDA合約」、「其全然了解交易及其並無信賴JPM而進行交易」、「系爭ISDA合約與適用於CCM上之所有法律皆不衝突且不具有違法情事」。因此，依據Korea Life案，CCM作為交易中唯一來自墨西哥的本案當事人，CCM應對其「應注意而未注意墨西哥法相關規範」之行為負責。

　　法院也提到本案應與*Lehman Bros. Commercial Corp. v. Minmetals Intl. Non-Ferrous Metals Trading Co.*案（兩造各自稱為雷曼案與五礦案）區別看待。該案中，一名五礦員工與雷曼進行未經授權之交易，並將獲利佔為己有。法院於該案中認為雷曼與中國五礦公司合作，係「有意違反中國法律」，有證據顯示雷曼係知悉該員工未經授權，且該交易具有不合規範之特徵。更重要的是雷曼於交易中並未取得總約定書及一切足以 確認該衍生品交易已遵循外國法之文件。本案中，並無證據支持JPM知悉並意圖違反墨西哥法律，因此法院認為系爭交易即使可能違反墨西哥法，惟依據紐約法系爭交易並非無效。

5. JPM是否未履行其損害賠償減輕義務？

否。CCM主張JPM未履行其損害賠償減輕義務。法院認為JPM係因契約違反而受損害之契約當事人，其僅須以經濟上合理之方式避免額外損害發生。就減輕損害而言，JPM僅需依照系爭ISDA合約在提前終止日當日或一段合理期間後將系爭交易終止並計算相關費用，即屬履行其損害賠償減輕義務。本案中，JPM已適當地履行其減輕損害義務，因此CCM之此一主張應予駁回。

綜上，法院以即決判決認定CCM應賠償JPM，數額則由特別調查人(special referee)另予建議。

四、小結

本案特殊之處在於交易涉及多國法律時，法院確認了相關契約合法性與結果的判斷方式。亦即「不法之成立(the existence of illegality)」應以行為地法律決定，而判斷「不法之效力(the effect of illegality)」時，應以選法規則決定適用法。

本案中，由於總約定書明確記載系爭ISDA合約之準據法為紐約法，而依據紐約法，該衍生品交易並非無效。依據紐約法，不法之契約僅有在本質違法(*malum in se*, i.e., inherently immoral)時不具有執行力。當契約之履行會違背法令(*malum prohibitum*)時，該契約也會成立不法，且若該契約(1)仍未履行完成(still executory)；或(2)契約之當事人不具有同等過錯(*pari delicto*)時，該契約之效力為無效。

儘管相關的區別，可能在我國法中不一定會被法院接受，但在我國企業進行跨國交易時，很有可能所使用的商品係由外國銀行銷售承作，因而對於外國法可能的處理方式、以及涉及多國法規時雙方的權利義務，也仍有密切注意與區別的必要。以充分適當履行董事會就衍生性商品交易所應盡之監督注意義務。

對董事執行業務之建議

就衍生性商品責任,茲提醒並建議董事如下事項:

一、 相關商品交易涉及複雜金融情況與契約條款,董事等需以
　　 高度謹慎態度,進行相關交易決策。同時必須多方諮詢相
　　 關專業人士(律師及財務專業人士),以確保對公司之受
　　 任人義務(fiduciary duty)。

二、 相關內控、監督與定期公告機制,均為董事需確認,公司
　　 已有妥善設計並執行之相關制度。

三、 公司對於複雜金融性衍生商品,應以確實需要、與計算後
　　 合理數量、為採行或購入之主要參考。過大的槓桿、射倖
　　 性質、或事後調整機制,都很可能潛藏危機,一方面在法
　　 院程序中,可能將無法通過法院受任人義務的檢視,同時
　　 也會對公司的財務穩定甚至存續經營,構成重大的威脅。

實務專家評論一
《衍生性商品交易與公司風險控管義務》

羅名威
眾達國際法律事務所 合夥律師

一、有關衍生性商品交易如何受到董事會之監督管控，確實是董事們面臨的重大挑戰，林教授在專文中分析國內外公司，因投資衍生性商品遭受重大虧損後，向金融機構提告失利的案件。衍生性商品本身及相關合約均有高度複雜性，原本即有高度投資風險，如果是海外衍生性商品，因涉及跨國法令，管控上將更為複雜，一旦投資失利，若要以交易違法或是詐欺而向金融機構求償，法院往往出於對契約的尊重，不輕易將損失責任歸屬於銷售方的金融機構，公司必須為投資決策負責，參與決策或監督衍生性商品交易的董事，則可能面對股東之求償，甚至追究刑事責任。

二、董事，尤其是獨立董事，依照「公開發行公司取得或處分資產準則」第21條規定，應1.指定高階人員隨時注意衍生性商品交易風險之監督與控制2.定期評估衍生性商品交易之績效是否符合公司經營策略及風險承擔是否在公司容許承受範圍內。要承擔法令所賦與的上開任務，董事們勢必要對公司交易的衍生性商品有所了解，即使當初交易時並不需經董事會同意者亦然。董事如果無相關專業背景，除需責成公司承辦人員詳細說明外，亦須仰賴外部專家的協助，現行證券交易法第14條之二第3款即明定獨立董事執行業務有必要時，得要求董事會指派相關人員或自行聘請專家協助辦理，相關必要費用，由公司負擔之。此一條文，目前在實務上並未廣泛受到獨立董事的運用，最主要的原因可能是出於獨立董事對於公司的信任，以及對自身權力行使的克制。

三、然而，獨立董事與審計委員會在我國法制上對衍生性商品的交易負有較一般董事更重的責任，對於董事會決議進行衍生性商品交易時，獨立董事的反對或保留意見，均應於董事會議事錄載明。而金額達一定標準以上的重大衍生性商品交易更需先經審計委員會二分之一以上決議通過後才能提請董事會決議。因此，獨立董事必須正視如何補強專業性不足的問題，始能有效發揮監督衍生性商品交易的職責。

四、誠如林教授專文的指出，國內實務上往往是公司控制股東即大股東主導衍生性商品之交易，甚至未經董事會決議而先斬後奏者亦非罕見。或許，主其事者係認投資先機稍縱即逝，為爭取時效因而繞過公司正當決策流程，然而衍生性商品之交易與操作有其專業性，且未必與公司的本業有關，而負責協助公司購買衍生性商品的金融機構，亦有促成交易以賺取佣金或手續費之強力動機，難以期待其能客觀協助公司。獨立董事對於這種先斬後奏的交易，不宜輕易追認，至少應責成承辦人員補正相關評估程序，以及考慮對公司的相關風險後，始得依法作成決定。

五、衍生性商品交易的決策及監督，正是對獨立董事如何展現其獨立性及專業性的考驗，獨立董事應善用公司及法令提供的資源，充分行使職權。尤其現在是股東權利意識逐漸抬頭的時代，董事們不可不慎。

—— 第五章 ——

董事利益衝突之判斷與說明義務

朱德芳

國立政治大學法學院教授

前董事長林O掏空大同已入監 被判須賠19億元

聯合報 / 記者王宏舜 2021-06-01
https://udn.com/news/story/7321/5501611

　　最高法院於2019年判決大同集團前董事長林O掏空公司資產，違反證券交易法，判刑8年、併科罰金3億元定讞。投保中心並提起訴訟，請求林O應賠償大同公司因此所受之損害19億元，台灣高等法院於2021年判准。法院指出，林O為大同公司、尚資公司及尚投公司的董事長，大同公司為尚資、尚投兩家公司之控制公司。林O既屬大同公司之董事，自有為大同公司忠實執行業務並盡善良管理人之注意義務，然林O為度過其個人擔任通達公司連帶保證人所可能引爆之財務危機，竟為自己及通達公司之不法利益，基於違背其擔任大同公司董事職務之犯意，使尚資公司違法貸與通達公司，致母公司大同遭受重大損害；並使尚投公司違法併購通達公司，並擔任該公司向金融機構貸款之連帶保證人，進而使大同公司董事會同意增資尚投公司，再將資金挹注通達公司，及以連帶保證人身分為通達公司清償貸款債務，致大同公司遭受重大損害，故判准林O應對大同公司為損害賠償。全案可上訴。

壹、前言

關係人交易一直為企業弊案中常見類型，董事為公司受任人，應盡忠實義務與注意義務，避免利益衝突而損及公司利益。我國公司法規定，董事對於會議之事項，有自身利害關係時，應於當次董事會說明其自身利害關係之重要內容並且不得參與表決。董事違反利益衝突迴避與說明之規定，除將導致該次董事會決議無效，並可能影響公司對外交易之效力外，若構成忠實義務之違反，亦可能產生相應的民事責任與刑事責任。

2018年公司法修正，擴大董事自身利害關係之範圍，包括涉及董事之配偶、二親等內血親，以及與董事有控制從屬關係之公司，為公司法首次明文規定董事利益衝突之型態包括「間接利益衝突」。此一修正對於關係人交易之管理與公司治理之提升將有所助益，然相關內容仍有不明確之處，也挑戰公司實務運作與法律風險管理。

本章重點將探討何種情況屬於董事自身利害關係事項？有利害關係之董事應說明哪些重要內容？審計委員會與董事會在審議關係人交易時，應注意什麼？

貳、基本概念說明

問題一：

董事忠實義務的基本內涵為何？若違反忠實義務的話，可能負擔哪些法律責任？

　　我國公司法規定，董監事、經理人等公司負責人，「應忠實執行業務並盡善良管理人之注意義務，如有違反致公司受有損害者，負損害賠償責任（公司法第 23 條第 1 項）。……公司負責人對於違反第一項之規定，為自己或他人為該行為時，股東會得以決議，將該行為之所得視為公司之所得（同條第 3 項）。」

　　公司法對於忠實義務沒有明文定義，學者多認為忠實義務係指，公司負責人執行職務時，必須出自於為公司最佳利益而為之，不能利用職位圖謀自己或第三人之利益[1]，其核心概念就是董事應避免因利益衝突而損及公司利益[2]。

　　公司法下的一些規定被認為是董事忠實義務的具體表現：例如董事與公司進行交易時，由監察人為公司之代表（公司法第 223 條）；董事之報酬，未經章程訂明者，應由股東會議定，不得事後追認（公司法第 196 條）；董事為自己或他人為屬於公司營業範圍內之行為，應對股東會說明其行為之重要內容並取得股東會特別決議之許可，違反的話，股東會得以決議，將該行為之所得視為公司之所得（公司法第 209 條）；董事對於會議之事項有自身利害關係時，應於當次董事會說明其自身利害關係之重要內容並且不得參加表決，又董事之配偶、二親等內血親，或與董事具有控制從屬

1　劉連煜，現代公司法，新學林，頁 134-5，2021 年 9 月，增訂 16 版。
2　方嘉麟主編，變動中的公司法制－十七堂案例學會公司法，元照，頁 230-1，2021 年 10 月。

關係之公司，就前項會議之事項有利害關係者，視為董事就該事項有自身利害關係（公司法第 206 條）等。

證券交易法亦有相關規定防免董事利益衝突可能造成公司損害，例如涉及董事自身利害關係之事項，應經審計委員會決議後，提董事會決議（證交法第 14 條之 5）；此外，若董監事從事內線交易，因為使用了公司之資訊，也是違反忠實義務的行為。

除了前述公司法與證券交易法之相關規定外，董事利用董事之身分收取廠商回扣、竊取公司資產、搶奪公司之商業機會等，均屬於違反忠實義務之行為[3]。

總結來說，違反忠實義務的行為態樣很多，相關法令無法窮盡。但其基本規範核心在於，董事不能為了自己或他人利益，而使用公司資源，包括公司財產、資訊與機會。

實務案例一：通達案[4]

法院認為，被告擔任通達國際股份有限公司向眾多銀行貸款的連帶保證人，利用其作為大同公司董事長，以及大同公司之子公司—尚志資產開發公司和尚志投資公司董事長之便，指示尚志資產與尚志投資，放款或轉投資予其擔任連帶保證人之通達公司，係為規避個人連帶債務責任，未為利益迴避。

3　劉連煜，同前註 1。
4　通達案，臺灣高等法院 107 年度金訴更一字第 1 號民事判決。

又被告抗辯，本件係以尚資公司與尚投公司以公司名義所為行為，與被告執行大同公司董事長業務無涉，但法院認為，縱使尚資、尚投公司與大同公司法人格不同，惟該2 公司獨立性薄弱，為被告利用大同公司與該2 公司在營運、財務損益結果具實質一體性，形同大同公司之內部單位，以遂其避免被追償之目的。故被告在尚資、尚投公司違反職務行為，與其在大同公司所為者無異。

被告違反忠實義務，掏空大同公司資本，應無善意可言，自不受商業合理判斷之推定。

董事若違反忠實義務，可能會被訴追民事與刑事責任。就民事責任而言，除損害賠償責任外，公司可訴請董事將違反忠實義務行為所獲得之利益歸於公司（公司法第23條）；此外，違反忠實義務也可能構成投資人保護中心提出解任董事與主張董事失格之事由（投保法第10條之1）[5]。

至於刑事責任，公開發行公司之董監事，若以直接或間接方式，使公司為不利益之交易且不合營業常規，而致公司遭受重大損害，或者董監事企圖為自己或第三人之利益，而為違背職務之行為或侵占公司資

5　依投保法第 10 條之 1 規定，投保中心發現上市櫃或興櫃公司之董監事，執行職務有重大損害公司之行為或違反法令或章程之重大事項等，可以為公司提出解任董事之代表訴訟；董監事經法院裁判解任確定後，自裁判確定日起，三年內不得充任上櫃或興櫃公司之董監事及依公司法第二十七條第一項規定受指定代表行使職務之自然人，其已充任者，當然解任。

產，致公司遭受損害達500萬元，董監事將處3年以上10年以下有期徒刑，得併科新臺幣1,000萬元以上2億元以下罰金；若董監事犯罪所獲取之財務或財產上之利益，達1億元以上者，處7年以上有期徒刑，得併科新臺幣2,500萬元以上5億元以下罰金（證交法第171條）。即便董監事違反忠實義務之行為，未致公司產生前述重大損害，董監事亦可能依刑法背信罪（刑法第342條），處5年以下有期徒刑、拘役或科或併科50萬元以下罰金。

董監事違反忠實義務，不僅是個人名譽受損，也會帶來嚴重的法律責任，因此，董監事執行職務時一定要謹慎。

問題二：

是不是只要涉及董事與公司有利益衝突之交易，公司就不能做？還是只要在程序上確保不會損及公司利益，還是可以進行？

我國相關法規未完全禁止利益衝突交易，但為了避免董事因利害關係而損及公司利益，故在決策流程的規範上較為嚴謹。例如，證交法規定，涉及董事自身利害關係之事項為審計委員會與董事會之法定決議事項，不能授權經理人為之（證交法第 14 條之 5），且依公司法之規定，該利害關係董事應說明利害關係之重要內容，且不能加入表決（公司法第 206 條）；金管會依證交法第 36 條之 1 授權制定之公開發行公司取得或處分資產辦法中規定，對於公司向關係人取得或處分資產，達到一定規模以上，定有決策流程與估價報告或會計師意見等規定。

法律規定，涉及董事自身利害關係之事項應採取較嚴格的決策流程，若未依照此一流程安排交易，不僅具利害關係之董事可能違反忠實義務，要負損害賠償與所得利益歸入公司之責任，也可能影響該次董事會決議與該筆交易之效力。

參、爭議問題分析

本部分之分析，將聚焦討論何種情況屬於涉及董事自身利害關係之事項，以及有利害關係之董事，於說明利害關係重要內容時，應說明些什麼，最後總結審計委員會與董事會在審議利益衝突交易時，應注意些什麼。

問題一：

———

董事與公司從事交易屬於典型的「涉及董事自身利害關係之事項」，應踐行說明與迴避等程序；若是董事之配偶與公司從事交易，或者涉及董事配偶之利害關係事項，是否也應踐行相關程序呢？

證交法規定涉及董事自身利害關係之事項應經審計委員會同意後，提董事會決議（證交法第 14 條之 5），而不能由經理部門決定，其立法目的在於避免董事因利益衝突，不當影響經理部門做成決定，也避免董事在董事會其他成員不知情下，利用擔任董事所獲得之資源，圖謀己利或損及公司利益。

此外，公司法規定該有自身利害關係之董事，應說明利害關係之重要內容並迴避表決（公司法第 206 條）。

司法實務對於「自身利害關係」多採狹義說，即限於「具體、直接之利害關係」。曾有法院認為，董事與公司進行交易，屬於有自身利害關係，若是董事之配偶與公司進行交易，就不算是。

實務案例二：大晟精機案[6]

董事會決議聘任其中一名董事之配偶為公司總經理，有董事認為依公司法之規定該名董事應迴避表決而未迴避，主張董事會決議應為無效。

法院認為，有自身利害關係董事應迴避表決，依法係準用股東會之規定；而我國司法實務對於股東於股東會有自身利害關係應予迴避之規定，向採狹義說，「係指會議之事項，其決議對股東自身有直接具體之權利義務之變動，將使該股東特別取得權利、或免除義務、或喪失權利、或新負義務，並致公司利益有受損害之可能而言，若股東對會議事項之決議，並無直接具體之權利義務之變動，或無特別取得權利、或免除義務、或喪失權利、或新負義務之情事，或無致公司利益有受損害之可能者，該股東即無迴避、不加入表決之必要，亦即須限於直接、具體之利害關係，即僅限於因議案表決結果產生權利義務變動之特定股東，該等股東始須迴避，否則倘無限擴大自身利害關係之解釋範圍，將使股東行使表決權之共益權窒礙難行，此顯非該條立法之規範意旨至明。」

本件法院認為，「是揆諸相同意旨，董事對於董事會會議之事項是否有自身利害關係致有害於公司利益之虞，亦應為相同解釋，即須限於直接、具體之利害關係，僅限於因議案表決結果產生權利義務變動之特定董事，該董事始須迴避。」

---

6 大晟精機案，臺灣高等法院 104 年度上字第 562 號判決。

　　司法實務曾十分狹義地解釋董事自身利害關係，並且將董事之自身利害關係與股東之自身利害關係等同視之，此一見解向受學界批評。蓋董事為公司負責人，對公司負有忠實義務與注意義務，為追求公司價值最大化，應避免利益衝突，也因此，就董事執行職務的目的來說，自身利害關係的範圍自不宜過於狹窄；另一方面，股東以追求己身之利益為目的投資公司，則限制股東投票權的自身利害關係範圍也不宜過於寬泛。

　　過往司法實務未考慮董事與股東表決迴避之立論基礎不同即比附援引，有可議之處。所幸，2018 年公司法修正時，增訂公司法第206條第3項「董事之配偶、二親等內血親」視為董事有自身利害關係之規定，改善了前述法院判決所生的問題。

　　然與此同時，也有法院認為董事自身利害關係，不應該採取過於狹義的解釋。

實務案例三：聯明案 [7]

　　被告甲為聯明公司董事長，並同時擔任數碼公司董事長並實質掌控該公司之經營。被告乙與甲原係配偶關係，於 91 年間已離婚，但仍同居一址，乙除協助甲經營數碼公司，並擔任數碼公司董事，且透過法人股東擔任聯明公司董事。數碼公司擁有一電子支付系統專利，於 97 年間，甲代表兩家公司簽約，約定數碼公司以 3,600 萬，將該專利授權聯明公司。另甲

7　聯明案，臺灣高等法院 105 年度金訴字第 2 號民事判決。

於民國 93 年間以其子名義以 661 萬向法院拍得一位於高雄之不動產，嗣後又藉其子名義將該不動產以 1,680 萬售予數碼公司。於民國 97 年間，數碼公司又以 1,788 萬將該不動產售予聯明公司。上述交易皆經聯明公司董事會決議通過，惟身為兩家公司的董事長甲以及其前配偶乙，於董事會表決系爭議案時皆未迴避。

　　法院認為，甲為兩家公司的實際負責人，掌控兩家公司之經營，因此兩家公司交易與甲自身與聯明公司交易無異，故應迴避表決；另乙與甲原具有配偶關係，雖於民國 91 年間離婚，但二人仍居於同一址，且乙也擔任兩家公司董事，具有利益衝突，也應該迴避表決。

　　前述案例中，乙於相關議案是否具有利益衝突而應予迴避，法院從兩方面進行分析：首先，乙曾與董事甲具有配偶關係，雖離婚後卻仍同居於一處，兩者間的親近關係將使乙不能客觀地為公司進行決策；其次，乙身為交易兩家公司之董事，此種共通董事的情形讓其本質上具有利益衝突。本案法院突破有關自身利害關係的狹義解釋，值得贊同；但若案件事實僅存在其中一項因素，法院是否仍會認定乙與董事會系爭決議存有利益衝突，則不明確。

　　2018年公司法修正，將「董事之配偶」視為董事就該事項有自身利害關係，但若如本案情形，前配偶之間仍有同居關係，則是否仍有不能客觀地進行決策之情況，就值得考慮。論者有建議，參考外國法制，修法將同居人納入利益衝突之

範疇[8]；在修法之前，大家也要留心，法院可能會從實質關係
（如本例中前配偶與同居關係），認定是否有足以影響董事獨
立行使職務的利益或關係存在之情況。

問題二：
────

2018 年公司法修正時，增訂「董事二親等內血親」視為董事自身利害關係之規定，「二親等內血親」包括哪些？

依相關法律規定，二親等內血親包括父母、子女、兄弟姊妹、祖父母、外祖父母、孫子女、外孫子女。若董事所任職之公司，與董事之二親等內血親交易，也屬於涉及董事自身利害關係之事項，依證交法與公司法之規定，該議案應送審計委員會與董事會決議，且該董事應說明利害關係重要內容並迴避表決。

問題三：
────

2018 年公司法修正時，增訂「與董事有控制從屬關係之公司」視為董事自身利害關係之規定，其包括哪些？

依公司法之規定，所謂「控制從屬關係」是指兩公司間具有公司法所定義的控制與從屬關係，例如 A 公司持有 B 公司超過一半有表決權之股份，或者 A 公司可以控制 B 公司之人事、財務、業務等，則 A、B 兩家公司間

─────────────

8　朱德芳，董事忠實義務與利益衝突交易之規範─以公司法第 206 條為核心，政大法學
　　評論第 159 期，頁 170-1，2019 年 12 月。

即具有控制從屬關係（公司法第 369 條之 2）。此時，若 A 公司轉投資 C 公司並當選為 C B 公司之法人董事（公司法 第 27 條第 1 項），而 B、C 兩公司擬進行交易，則依證交法，此交易應經 C 公司之審計委員會與董事會決議，且會議中 A 公司應說明利害關係重要內容並迴避表決。

若是 B 公司轉投資 C 公司並當選為 C 公司之法人董事，而 A、C 兩公司擬進行交易，則依證交法，此交易應經 C 公司之審計委員會與董事會決議，且會議中 B 公司應說明利害關係重要內容並迴避表決。

又例如甲為 D 公司董事，其同時為 E 公司之實際控制者，則 C、D 兩家公司進行交易時，則從公司法條文的文義來看，應亦屬於涉及與甲有控制從屬關係之公司之事項，學者亦認同之[9]。

問題四：

若涉及「與董事之配偶有控制從屬關係之公司」，是否視為董事自身利害關係之事項？

若甲為 C 公司董事，甲之配偶乙為 D 公司之實際控制者，則 C、D 兩家公司進行交易時，是否屬於甲自身利害關係之事項呢？若從公司法現行條文文義來看，似乎不包括。

從比較法來看，美國模範公司法規定[10]，董事及其近親屬所控制之實體，均屬與董事有利害關係。此處所謂「近親屬」，包括配偶、董事或配偶之子女、繼子女、孫子女、父母、繼父母、祖父母、兄弟姊妹、繼兄弟姊妹、同父異母或同母異父之兄弟姊妹、叔伯阿姨、姪子女、前述人士之配偶，以及與董事共同生活之人。香港公司條例亦有相類似之規定[11]：董

---

9 劉連煜，同註 1，頁 607。
10 MBCA §8.60.
11 香港公司條例第 486 條、第 487 條、第 488 條。

事及其近親屬、以其為受益人之信託，以及受其控制之實體，單獨或合計行使或控制超過 30% 表決權之法人，為董事之關係人。

前述美國與香港之規定，考慮現實情況下，董事近親屬所控制之控制公司與該近親屬間利益與共，從人之常情出發，確有董事能否為公司利益決策之疑慮，將董事近親屬所控制之控制公司列為涉及董事自身利害關係，也較符合忠實義務下對於董事行為高標準的要求。

應注意者，證交法授權主管機關發布之公開發行公司取得或處分資產處理準則規定（下稱取處準則），公發公司進行關係人交易時，應遵循處理準則之規定，例如應經董事會通過、監察人同意，並取得估價報告或會計師意見等 [12]。取處準則所稱之「關係人」，係依證券發行人財務報告編製準則規定認定之。

依證券發行人財務報告編製準則之規定（下稱財報編製準則），其他公司或機構與發行人之董事長或總經理為同一人或具有配偶或二親等以內關係，報導個體與該公司或機構屬於關係人。舉例來說，甲、乙兩人為配偶，甲為 A 公司之董事長，乙為 B 公司之董事長或總經理，則依財報編製準則之規定，A、B 兩間公司即為關係人，A、B 兩間公司之交易即應遵循前述取處準則之規定。

依循此一規範邏輯，若乙為 B 公司之實際控制者，其對於 B 公司之影響力以及利害關係應不小於前述乙為 B 公司董事長或總經理之情況，則 A、

---

12 金管會為配合實務運作及強化關係人交易之管理，經參酌國際主要證券市場規範及外界建議事項，已於 2022 年 1 月 25 日發布新聞稿，說明將修正「公開發行公司取得或處分資產處理準則」，將明定公開發行公司或其非屬國內公開發行公司之子公司向關係人取得或處分資產，其交易金額達公開發行公司總資產百分之十以上者，公開發行公司應將相關資料提交股東會同意後，始得為之，以保障股東權益；但公開發行公司與其母公司、子公司，或其子公司彼此間交易，免予提股東會決議。參見金管會新聞稿，公開發行公司取得或處分資產處理準則」部分條文修正草案已完成預告程序，將於近期發布，金融監督管理委員會證券期貨局全球資訊網 (sfb.gov.tw)，瀏覽日期 2022 年 1 月 27 日。

B 兩公司間之交易亦應被認定為關係人交易[13]。此時，相關交易應適用前述取處辦法之規定應無疑問，然是否也適用公司法之規定，使甲應於董事會為說明與迴避表決呢？對此，法律規定並不明確，司法實務也未見相關判決，從忠實義務內涵以及比較法之借鏡，論者有認為，此時甲應於董事會為說明並迴避表決為妥[14]。

問題五：

涉及董事所代表法人之事項，是否屬於董事自身利害關係？

公開發行公司董事會議事辦法規定，「董事對於會議事項，與其自身或其代表之法人有利害關係者，應於當次董事會說明其利害關係之重要內容，如有害於公司利益之虞時，不得加入討論及表決，且討論及表決時應予迴避，並不得代理其他董事行使其表決權（第 16 條）。」

舉例來說，A 公司為 B 公司之法人股東，A 公司當選 B 公司之法人董事（公司法第 27 條第 1 項法人代表董事），今 A、B 公司擬進行交易，則此一交易即屬與 A 公司自身有利害關係者。又例如，C 公司為 D 公司之法人股東，C 公司指派自然人代表甲當選 D 公司之董事（公司法第 27 條第 2 項法人代表董事），C 公司與 D 公司擬進行交易，則此一交易即屬與甲所代表之法人有利害關係者。以上兩種情況，A 公司與甲於董事會都要說明利害關係之重要內容，並且迴避表決。

司法實務中也肯認涉及董事所代表法人之事項，屬於董事自身利害關係。

---

13 取處準則第 14 條規定，判斷交易對象是否為關係人時，除注意其法律形式外，並應考慮實質關係。
14 朱德芳，同前註 8，頁 173-5。

實務案例四：神去村公司案[15]

圓方公司及其子公司神去村公司各持有神去山公司之股份
67.74% 與 32.26%。

神去村公司董事會決議，將該公司持有之神去山公司股份
全數售予圓方公司，使圓方公司持有神去山公司全部之股份。
參與神去村公司上開董事會決議之三位董事為神去村公司法人
股東圓方公司所指派之法人代表董事，此三位同時亦擔任圓方
公司之董事。該次董事會未通知神去村公司另一法人股東元裾
公司所指派之兩位法人代表董事出席。

神去村公司之監察人代表該公司，主張利害關係董事未迴
避表決，董事會決議無效。

法院指出，神去村三位董事同時擔任交易相對人圓方公司
之董事，而神去村公司與圓方公司於售股價金之利益上應屬對
立，故神去村公司參與董事會決議之三名董事於系爭售股議案
上，應認有自身利害關係致有害於公司利益之虞。

---

15 神去村公司案，臺灣台北高等行政法院 104 年度訴字第 254 號判決。

問題六：

若有共通董事之公司間進行交易，是否屬於董事自身利害關係？

舉例來說，甲為 A、B 兩公司之董事，A、B 兩公司進行交易，是否屬於涉及甲自身利害關係事項？應否說明與迴避？

前述案例中，若甲於 B 公司為 A 公司之法人代表董事，則依前述公開發行公司董事會議事辦法與目前法院判決，應屬涉及甲之利害關係事項；但若甲係以自然人身分而非法人代表身分當選 B 公司之董事，則如何呢？

若從公司法條文的文義解釋，似乎未包括此種「共通董事」之情況；又依前述財報編製準則之規定，被認定為關係人者，係指「共通董事長、共通總經理，或董事長與總經理為同一人之公司或機構間之交易，或者公司與董事長或總經理之配偶或近親屬擔任董事長或總經理之公司或機構間」者，換言之，若甲非 A、B 兩家公司之董事長或總經理，而僅是董事，則非本準則所稱之關係人。

若從比較法來看，美國德拉瓦州公司法規定 [16]，與公司有共通董事之其他公司交易，屬於利益衝突交易；香港公司條例雖未明文規範共通董事之情況，但根據法院判決，亦屬之 [17]。

我國學者亦認為，有共通董事之公司間進行交易，屬於典型利益衝突之類型 [10]，蓋交易相對公司間利益上屬於對立，共通董事存在義務衝突，若考慮任何一家的最佳利益，即違反對另外一家之忠實義務，因此不參與表決為宜 [19]。

---

16 DGCL § 144.
17 Stefan Hc Lo And Charles Z Qu, Law Of Companies In Hong Kong 294 (2015).
18 劉連煜，同前註 1，頁 135。
19 朱德芳，同前註 8，頁 173。

問題七：

若董事與公司間發生利益衝突時，有利益衝突之董事應說明利害關係之重要內容，應包括哪些？

公司法規定，涉及利害關係之董事應於當次董事會說明「自身利害關係之重要內容」。此處重要內容包括哪些？條文並未規定。

從比較法來看，美國模範公司法 (MBCA) 第 8.60 條規定，利益衝突董事應向其他合格董事 (qualified director) 說明利益衝突交易之存在與性質，尚應說明其知悉與本交易有關之事實，以及無利益衝突董事合理預期對於本交易之決定具有重要性的事項。

該條官方註釋舉例說明，公司擬向董事購買土地一筆，若董事知悉該筆土地將因一廢棄之礦脈而坍塌，則應予揭露。董事無義務揭露其 10 年前購買此筆土地之價格，或其係因為繼承而取得此一土地，因為此類資訊對於董事會做成交易之決策不具重大性。董事亦無需揭露其有資金需求之急迫性，或願意接受的最低成交價為何。

美國法律學會 (ALI) 發布的公司治理原則 (Principles of Corporate Governance) 第 5.02 條與第 5.10 條分別規定，董事與經理人，或者控制股東 (controlling shareholders) 於公司之交易具有利害關係時 [20]，應說明其已知有關利益衝突與系爭交易之「重大事實 (material facts)」[21]。所謂重大事實，係指對一般理性之人而言，對其做成決定具有重要性者。

根據該條註釋說明，利益衝突董事無義務主動告知其願意支付的最高買價或最低賣價，蓋此一資訊非前述所謂之「事實 (fact)」，且在雙方談

---

20 有關於「利害關係」之定義，參見 ALI Principles of Corporate Governance §1.23。
21 有關於「重大」之定義，參見 ALI Principles of Corporate Governance §1.25。

判過程中，此一心中價格往往亦隨之變動。此外，若公司有管道查知類似交易的市場資訊，從而透過對等磋商決定公司願意接受的買價或賣價，或如公司係在日常業務中，依照一般商業條款與董事或其利害關係人進行交易，例如商品有公告牌價或經競價決定，則有利益衝突董事通常無須揭露其因系爭交易所獲得之利益。

該條註釋亦特別指出，在某些特殊的情況下，利益衝突董事負有較高的說明義務。例如 A 公司正尋找土地作為企業總部，就在 A 公司做此決定不久前，董事甲剛剛取得了購買某地之買權 (option)，此一買權為期 90 天。由於該土地正好符合 A 公司所需，甲於是向 A 公司提案將該土地賣給 A 公司，甲之出價將使其獲得一倍之利潤。則甲與公司交易時，應向公司說明其係於非常短的時間內獲利豐厚 [22]。又例如，甲為 A 公司董事，向公司購買土地時，若已得知 B 公司將於該地旁進行一土地開發計畫，可能使該土地價值大漲，甲應揭露此一資訊 [23]。又如，甲為 A 公司董事，A 公司正尋找一辦公大樓，甲 100% 持有的 B 公司擁有一辦公大樓，A 公司向 B 公司購買此一大樓時，甲若已得知當地政府未來將以市價徵收該棟大樓，則應予揭露 [24]。

這些案例足以顯示，由於董事為公司之受任人，有為公司最佳利益行使職務之義務，與單純的交易相對人不同，若董事明知其與公司的交易將使公司蒙受損失或者無法達成交易之目的，即有揭露相關資訊之義務。

---

22 ALI Principles of Corporate Governance § 1.15, Illustration 2.

23 ALI Principles of Corporate Governance § 5.02, Illustration 3.

24 ALI Principles of Corporate Governance § 5.02, Illustration 6.

問題八：

證券交易法第14條之5第1項第4款規定，「涉及董事自身利害關係之事項」應經審計委員會同意後，提董事會決議。若相關事項所涉及之金額較低，或者屬於交易標的有公開市價，且按一般商務條款進行之交易，是否仍需經審計委員會與董事會同意？

從證券交易法條文的文義來看，似乎未以交易金額是否重大，或者交易類型作為應否經審計委員會與董事會決議之要件；換言之，若依照嚴格的文義解釋，本條有可能解讀為無論交易金額之大小與交易類型，只要涉及董事自身利害關係之事項，均應先經審計委員會同意。

但若相關事項涉及的金額較低，又或者屬於交易標的有公開市價，且按一般商務條款進行之交易，這類事項造成公司損害的可能性較低，且考量公司營運成本，從立法例上來看，許多國家將重大性納入考量，將不具有重大性的交易與事項，排除在董事自身利害關係的定義之外。

我國證券交易法未明文採取重大性要件，且目前尚無司法判決的情況下，若以重大與否做為相關事項是否應經審計委員會決議之標準，將存有一定的法律風險。相關交易的審議流程，宜從董事忠實義務、公司營運需求、風險管理，以及內部控制程序等方面，審慎考慮，並且瞭解法規不明確所可能產生之風險，如有疑問，宜徵詢外部專家意見。

問題九：

審計委員會/董事會審議利益衝突交易時，應注意什麼？

首先，有利益衝突之董事說明「其自身利害關係之重要內容」時，原則上應包括會影響董事決策時之重要內容，例如利益衝突性質與系爭交易之重要內容，具體個案中應說明的範圍涉及事項之性質以及董事對第三人之保密義務等議題，可能十分複雜，若有任何疑義，董事應徵詢公司法律部門意見，必要時，可徵詢外部顧問意見。利益衝突相關說明宜連同會議通知、議程與議案資料，一併於開會 7 日前寄送各董事，以便審計委員會

與董事會能在資訊充分的情況下做成決策。

此外，若參照美國法院判決，涉及利益衝突之交易，參與決策之董事除應無利益衝突外，尚應具有獨立性，此一決策方受經營判斷法則之保護。

實務案例五：Cumming v. Edens案[25]

Cumming 為 NS 公司之股東，其為公司提起代位訴訟，主張公司多數董事違反受託義務，以不公平之價格向 Fortress 公司購買資產。原告主張，公司多數的董事於本交易有利害關係，或與 Fortress 公司的董事長 / 主要股東 Edens 有所關聯，故原告可直接為公司提出代位訴訟，而無須先請求董事會為公司提出訴訟。

NS 公司為一家不動產投資信託公司 (Real Estate Investment Trust, REIT)，其母公司為 DS 公司。NS 公司沒有員工，而係由 FIG 公司負責管理運營。DS 公司自身也是一家不動產投資信託公司，也沒有自己的員工，而是由 Fortress 公司進行運營管理。此外，FIG 是 Fortress 透過 FIG Corp 與 FOE I 間接控制的公司。Fortress、FIG Corp、FIG I、FIG，以及 DS 公司均使用同一間辦公室。

NS 公司與 Fortress 進行系爭資產交易時，NS 公司有六名董事，其中董事 Edens 亦為 DS 公司董事，且為 Fortress

---

25 2018 WL 992877 (Del. Ch.).

之董事長／大股東，其未參與決議；董事 Given 受雇於
Fortress，亦未參與表決。系爭交易由其他四位董事組成交易
委員會進行決議，包括決定該交易所需的融資安排在內。

　　本案法官認為，NC 公司多數董事會成員於系爭交易具有
利害關係，或不具有獨立性，故原告股東無須先向董事會為請
求，可逕為代位訴訟。關於具有利害關係或獨立性認定，本審
法官判斷如下：

1.　董事 McFarland：其同時為 DS 公司之董事，McFarland
　　有 60% 之收入來自 Fortress 所管理之公司；此外，其向
　　美國證管會填報資料的通訊處，載明 C/O Fortress，意即
　　由 Fortress 轉交。

2.　董事C：Edens 為美國威斯康辛州密爾沃基市的 NBA 籃球
　　隊— Milwaukee Bucks 的最大股東，其邀請 C 董事一起
　　投資該球隊，C 並協助該市與 Edens 為球隊蓋了一座新的
　　體育館。原告主張，投資 NBA 球隊為非常難得的機會，
　　因為依照NBA規則，每支球隊的投資人上限最多為25人，
　　可見Edens與C 董事擁有特殊且非比尋常的財務與社交
　　關係，也因此很難期待C董事會做出違反Edens利益之決
　　定。原告並引用德拉瓦州最高法院於Pincus一案中見解，
　　該案中，系爭被告共同擁有一架飛機，法院認為，共有飛
　　機顯示兩人擁有密切的關係，因為擁有飛機的成本極高，
　　且共有人間需要商量與安排飛機之使用。本案法院認為，
　　根據相關事實，應有理由相信C董事與Edens關係密切，
　　且對於Edens存有感激之情(beholden)，從而可合理懷疑C
　　董事之獨立性會受到影響。

3. 董事 Malone：其同時為 WD 公司之董事，WD 公司提供 DS 公司進行系爭交易所需要的 4.6 億元融資。法院認為，Malone 同時擔任融資雙方債權人與債務人之董事，立於交易的兩端，於系爭決議事項具有利害關係。

4. 董事 Vander Hoof Holstein：其受雇於非營利組織 PIH，並擔任管理職務。PIH 於 Edens 家族與 PIH 關係密切，Edens家族除大筆捐助 PIH 外，Edens 的妻子也擔任 PIH 的董事多年。Vander Hoof Holstein 與 Edens 同在數家公司或機構擔任董事，其收入有至少一半是來自由 Fortress 設立的公司或機構。

　　依照德拉瓦州公司法與法院判決，公司決策的核心是董事會，董事會做成的各項決策受經營判斷法則之保護，推定董事決策符合受任人義務。但適用經營判斷法則的重要前提之一，是參與決策的董事對於系爭事項應「無利害關係」且具有「獨立性」，必須同時具備此兩要件，董事之決策方受保護。

　　關於有無「利害關係」之判斷，法院將衡量董事是否立於交易兩端 (both sides of the transaction)，或者董事是否因交易之進行而獲得重大利益 (material benefit)。前者例如董事與公司進行交易的情況；有共通董事間之公司進行交易，或者董事於交易相對公司擔任高階經理人，法院也會認為屬於利益衝突。

　　至於有無「獨立性」之判斷，法院主要考慮於系爭交易中無利害關係之董事對於有利害關係的董事，是否因彼此間關係密切而更願意顧及其與利害關係董事之關係維繫，從而喪失為公司利益判斷的獨立性。

例如前述案例中，法院綜合考量董事間之社交關係、董事主要收入來源等因素，做出是否具有獨立性之判斷。

就利益衝突交易來說，我國公司法第 206 條之規定似乎僅判斷董事是否具有利害關係而不論獨立性之有無。然我國近年來也有不少法院採用或參考美國法下的經營判斷法則作為衡量董事執行職務時之行為標準，本案之分析判斷即可供參考。

除此之外，司法院頒布的商業事件審理細則第37條，明訂法院審理公司負責人忠實義務與注意義務案件時，宜審酌獨立性因素：

「法院審理商業事件，得審酌下列各款情事，以判斷公司負責人是否忠實執行業務並盡善良管理人注意義務：

一、其行為是否本於善意且符合誠信。
二、有無充分資訊為基礎供其為判斷。
三、有無利益衝突、欠缺獨立性判斷或具迴避事由。
四、有無濫用裁量權。
五、有無對公司營運進行必要之監督。」

由於商業法院甫於2021年7月開始運作，目前尚未見有相關案例，有關法院如何於具體個案中適用利益衝突與獨立性之考量，應持續關注。

肆、對董事執行職務的建議

董監事作為公司負責人，依法應盡忠實義務與善良管理人注意義務，若有違反，董事本身可能須負擔相應的民事責任與刑事責任。除此之外，也會影響董事會決議與對外交易行為之效力。

實務上常見有心人士利用人頭公司隱匿關係人交易之事實，規避嚴格的檢視與程序性規定。弊案爆發後，未涉及利益衝突交易之其他董事，往往以不知情、沒有出席董事會、被蒙蔽，或已經進行查證卻未發現不法等理由，主張對關係人交易之發生毋庸負責。

事實上，無利害關係之董事雖不致違反忠實義務，但仍應善盡善良管理人之注意義務，督促公司建置可有效辨識與管理利益衝突交易之內控內稽制度[26]。例如董事利益衝突之「一般性申報」規範之建立、關係人資料庫之建置、實質受益人資訊之運用、吹哨者制度之建立，合理的資訊查證程序等，董事也應定期檢視相關制度是否能有效運作。

由於內部人隱匿關係人交易往往就是重大舞弊的開始，並且經常伴隨財報不實、掏空等情形，國內實務運作中，已有不少公司訂定關係人交易政策與作業程序，以強化公司的內部控制與風險管理。

參考外國立法例與OECD建議，上市櫃公司可考慮制定與公布關係人交易之政策與作業程序，相關內容宜包括以下[27]：

---

26 參見王志誠，董事之監督義務—兆豐銀行遭美國紐約州金融服務署裁罰一．八億美元案之省思，月旦法學雜誌，259 期，頁 5，15-6，2016 年 12 月。蔡昌憲，從內控制度及風險管理之國際規範趨勢論我國的公司治理法制：兼論董事監督義務之法律移植，國立臺灣大學法學論叢，41 卷 4 期，頁 1819, 1869-78，2012 年 12 月。

27 審計委員會參考指引，中華公司治理協會，頁 97-9，2020 年 12 月。

一、關係人之定義

除應根據「公開發行公司取得或處分資產處理準則」以及「證券發行人財務報告編製準則」規定外，還需注意公司法2018年修正後，擴大了董事自身利害關係之範圍，包括「視為董事自身利害關係」之類型。如前所述，由於目前仍欠缺相關判決，其定義範圍仍有不明確之處，審計委員會與董事會於審議關係人交易政策與作業程序時，宜考量董事忠實義務、公司營運需求、風險管理，以及內部控制程序，並徵詢公司法務部門以及外部專家之意見。

二、關係人之辨識

公司法修正後，關係人的範圍擴大，也增加了事前辨識的難度。舉例來說，董事二親等內血親包括哪些人、董事在哪些公司擔任董事，又董事與哪些公司有控制從屬關係等，若非董事提供，公司未必能夠完整掌握。公司治理人員/議事人員除於董事就任時即應請董事詳實填寫關係人資訊外，應定期提醒董事更新相關資訊，並進行核實。關係人資料庫建立後，每次交易即可透過資料庫之檢視，進行是否為關係人交易的初步辨識。另一方面，公司也必須注意交易相對人之身分，若為境外公司，且設在無實質受益人(beneficial owner)申報制度的國家或地區者，法人資訊較不透明，應特別留心。公司的相關規範宜配合國際上有關法人透明度與實質受益人的立法趨勢，用以強化公司自身關係人交易之管理。

三、關係人交易決策之流程

有利益衝突之董事，應盡說明義務與表決權迴避，其餘董事亦應關注交易之必要性、條件之合理性等。若有疑問，應提出討論，審計委員會與董事會亦可委任外部專家提供意見。

四、關係人交易之追蹤考核

關係人交易存在利益衝突之本質，故屬高風險的交易類型，因此交易完成後，公司應進行追蹤考核，檢視這類交易是否達到原本預定之目標，並定期向審計委員會與董事會報告。

另值得注意的是，主管機關亦重視上市櫃公司關係人交易之治理，2020年8月發布的公司治理3.0即提出，為保障股東權益，參考國際規範，研議上市櫃公司將推動非營業活動（如重大資產交易）之關係人交易於次一年度股東會報告之相關規範，以確保相關交易不損害公司利益或股東權益。

總結來說，董事與公司應注意防免利益衝突事項，並且注意以下制度之建立：

1. 公司應建立董監事關係人資料庫，並定期更新。

2. 公司治理主管應協助董監事於就任時提供其關係人之資料，並隨時提醒若有更新，應通知公司。

3. 是否構成涉及董事自身利害關係之情況，在實務運作可能不容易判斷，若有所疑慮應洽詢公司治理主管/議事人員，或公司法務單位，必要時可徵詢外部專家意見。

4. 公司應建立關係人交易政策與作業程序，規範關係人交易之定義、辨識、交易決策之流程與應考慮之因素，以及交易後之追蹤考核等事項。

5. 建立有效運作的吹哨者制度。

6. 提倡公司誠信經營文化。

實務專家評論－《董事利益衝突之判斷與說明義務》

「有自身利害關係」與「致有害於公司利益之虞」係屬二要件？

吳志光[1]

理律法律事務所 律師

　　A公司為X公司與Y公司合資設立之公司，X公司持股60％，Y公司持股40％。X公司分別指派代表人甲、乙、丙三人當選並擔任A公司董事，且甲當選為董事長；Y公司則指派代表人丁、戊二人當選並擔任A公司董事。A公司主要業務為ZZ產品之製造，而其主要原料QQ則係長期向X公司購買，並簽訂長期供應合約。現X公司考量成本大幅增加，有意調高主要原料QQ之售價，並擬相應修訂長期供應合約。Y公司認為此售價調整將增加A公司生產成本，故堅決表示反對。當此案提請董事會議決時，甲、乙、丙是否必須迴避表決？可否主張此議案不會有「致有害於公司利益之虞」，而參與表決？

　　依據公司法第206條第4項準用第178條規定，董事對於會議之事項，「有自身利害關係致有害於公司利益之虞時」，不得加入表決。關於是否有自身利害關係，究應以法人股東或法人代表董事予以認定

1　理律法律事務所合夥律師，中華公司治理協會常務監事。本文為作者個人意見，不代表事務所或協會之立場。

乙節，參照公開發行公司董事會議事辦法[2]及司法實務見解[3]，均肯認涉及董事所代表法人之事項，屬於董事自身利害關係。至何謂「有自身利害關係」乙節，依大理院11年統字第1766號解釋，則指「因其事項之決議，該股東特別取得權利或負義務，又或喪失權利或新負義務之謂」。因此，當A公司董事會討論此長期供應合約事宜時，既涉及X公司權利事項，甲、乙、丙三名董事為X公司所指派之法人代表，對此事項當屬「有自身利害關係」，應屬無疑。

然而，實務所面臨之困境為，若甲、乙、丙三名董事迴避參與表決，則該議案將由丁、戊二名董事決定之，顯然難逃被否決之命運。因此，甲、乙、丙得否主張「雖有自身利害關係但並無有害於公司利益之虞」（例如價格雖然調整，但相較於其他供應來源仍然比較便宜；X公司所供應原料品質顯然優於其他供應來源，為確保穩定供應來源及生產品質，也必須顧及X公司永續經營之需求等），而堅持參與決議？就此議題，實務見解往往以「個案判斷」之方式處理[4]，如此是否可認為實

---

2 公開發行公司董事會議事辦法第 16 條規定：「董事對於會議事項，與其自身或『其代表之法人』有利害關係者，應於當次董事會說明其利害關係之重要內容，如有害於公司利益之虞時，不得加入討論及表決，且討論及表決時應予迴避，並不得代理其他董事行使其表決權。」

3 最高法院 88 年度台上字第 2590 號判決認為「股東對於股東會決議事項是否有自身利害關係，亦應以該法人股東而非其指定之代表人為認定之標準，蓋因該代表人本身並不具有股東身分使然」。新竹地方法院民事判決 102 年度訴字第 19 號民事判決：「法人之自然人代表係法人股東所推選，與法人股東間多具有特殊情誼或淵源，法人股東為維繫與自然人代表間之特殊委任關係，亦可能利用機會減輕其責任，故於觀察有無自身利害關係時，應將法人股東與自然人代表之利益關係合併觀察，則如法人代表就個別議案因有利害關係應迴避時，其所代表之法人亦應行迴避。」

4 經濟部 99 年 5 月 5 日經商字第 09902408910 號函：「母公司 100% 投資子公司，子公司之董事均為母公司所指派，子公司召開董事會時，董事對於母子公司雙方合作或締結買賣契約之議案上，應否依公司法第 206 條第 2 項準用第 178 條規定迴避一節，因涉及個案情形是否有公司法第 178 條『有自身利害關係致有害於公司利益之虞』之認定，應依事實個案認定之，如有爭議，允屬司法機關認事用法範疇。」

務見解支持「致有害於公司利益之虞」係獨立於「有自身利害關係」之
要件[5]，亦即，縱有自身利害關係，若無有害於公司利益之虞，仍無須
迴避而可加入表決[6]？

然應注意者，即使肯認「有自身利害關係」與「致有害於公司利
益之虞」係屬二要件，由於董事於涉有自身利害關係之事項時，應迴避
參與表決，係董事忠實義務之要求，故若欲以並無「致有害於公司利益
之虞」為由而不迴避並參與表決，主張此事實者自應承擔舉證責任，並
應將所有證明（例如估價報告、合理性意見書、專家意見書等）於董事
會決議當時提出。

再者，司法實務有以「增加公司財務支出」[7]，認定有害於公司利
益之虞，對此要件似乎採取較為寬鬆之解釋。故從法律遵循之觀點而
言，除非有客觀事實及具可信度之文件，足以證明公司利益完全不會因
討論事項而受損害，否則如公司利益是否因此受損仍有疑義時，自應採
較嚴謹之見解認為有自身利害關係之董事即應迴避表決，以避免事後遭
法院認定董事會決議違反公司法規定無效，並衍生董事個人法律責任之
問題。

---

5 經濟部 94 年 4 月 14 日經商字第 09402044770 號函：「按公司法第 178 條規定，股東
   對於會議之事項，有自身利害關係致有害於公司利益之虞時，不得加入表決。據此，股
   東得否行使表決權，應就具體個案視其對於該表決事項，有無利害關係『及』有害於公
   司利益之虞為斷。如有之，即不得加入表決，其不得行使表決權之股份數，不算入已出
   席股東之表決權數，同法第 180 條訂定有明文。是以，所詢疑義涉及具體個案事實之
   認定，允屬司法機關認事用法範疇。」

6 經濟部「研商公司登記疑義有關事宜會議紀錄」（95 年 12 月 21 日）決議：「按公司
   法第 178 條規定：『股東對於會議之事項，有自身利害關係致有害與公司利益之虞時，
   不得加入表決』，具體個案依前開法條規定應具備有（一）自身利害關係及（二）致有
   害於公司利益之虞二項要件，始有該條情事之適用。」

7 最高法院 91 年度台上字第 1560 號判決：「該決議不僅自訂酬勞金給與辦法及標準，
   補發鉅額報酬於各該與會之董監事，且其決議與渠等均有自身利害關係，並使被上訴人
   獲取利益，而增加上訴人公司之財務之支出，致有害於公司利益之虞」。

—————— 第六章 ——————

經營判斷法則與背信

郭大維

國立臺北大學法律學系教授

實務案例一：陸特公司案

　　原告陸特股份有限公司係由力瑋公司、美商力特股份有限公司及陸海股份有限公司共同出資設立，並選任被告癸為董事長、被告丑、被告庚、訴外人何英津及夏宗廬為董事，負責原告公司業務之執行，被告乙、被告辛為監察人，負責監督董事職務執行，調查公司之財務狀況及查核公司會計表冊等事項。被告癸當時除係原告公司之董事長外，更是股東美商力特公司在新加坡百分之百投資設立之利特遠東公司負責人，被告癸、丑、庚為直接圖利，其負責經營之利特遠東公司，在未得股東會同意下，逕自將原告所營之電子買賣業變更，指示原告之經理人（即被告丁）將台灣廠商之訂單移轉至利特遠東公司，再由該公司交貨於台灣廠商，原告角色由買賣變成賺取用金之三角貿易居間者。被告癸竟只給予原告6.1%之佣金，使原告毛利降低，致持續虧損，幾到無法繼續經營地步，而圖利利特遠東公司。被告則以經營判斷法則為抗辯。

壹、前言

我國公司法第23條第1項課與董事對公司負有忠實義務及注意義務，董事若有違反致公司受有損害，應負損害賠償責任。雖然公司法課與董事忠實義務及注意義務是希望掌控公司經營決策的董事，受託處理公司事務，能忠誠勤勉地執行職務，為公司謀取最大利益，並避免濫用職權或侵害公司利益之行為。然而，在瞬息萬變、錯綜複雜的商業環境中，董事所為之商業決策常伴隨著不可預知的風險與不確定性，從而商業決策難免會有所失誤。此外，公司事務態樣複雜，董事之行為有時看似存有利益衝突，實則未必全然對公司不利，若僅以事後結果論斷董事責任，對董事而言不僅有失公允，亦可能導致董事決策過於謹慎保守，對公司的長遠發展未必有利。

為鼓勵公司經營者勇於任事，並避免法院以其後見之明過度介入公司經營決策，美國實務上乃發展出所謂的「經營判斷法則」(business judgment rule)[1]，試圖在公司經營者的商業決策失誤與法律義務違反之間劃出一條界線。目前國內學界與實務界對於我國是否引進經營判斷法則、董事如何的商業決策方有此一法則之適用以及此一法則之適用範圍為何，仍存有不同意見。晚近，國內實務有關經營判斷法則之判決有日益增加之趨勢，且此一法則之適用除了民事案件外，近年來國內實務亦進一步將其運用於刑事案件。而論及經營判斷法則之相關刑事案件以刑法背信罪、證券交易法第171條第1項第2款非常規交易罪以及第171條第1項第3款特別背信罪等案件較為常見。然而，經營判斷法則之內涵以及其適用範圍為何，實有探究與釐清之必要。

---

1 「經營判斷法則」(business judgment rule) 一詞由於翻譯的關係，在國內有稱為「商業判斷原則」、「經營判斷法則」或「經營判斷原則」。本文在此以「經營判斷法則」稱之。

實務案例二：齊林公司案

　　齊林公司以13.9億元向統一安聯購入大廣三大樓及不良債權，再以17億元出售予勤美公司。若勤美公司當初直接向統一安聯購買其價格為13.9億元，故被上訴人勤美公司董事長兼總經理，有藉由大廣三不良債權交易不法掏空勤美公司資產，使勤美公司為不合常規之不利益交易，致勤美公司遭受重大損害。因此，上訴人主張：被上訴人應依公司法第23條第1項、民法第544條、第184條、證券交易法第171條第1項第2款等規定，對勤美公司負損害賠償責任。

貳、經營判斷法則之概說

所謂「經營判斷法則」乃是一種推定，即推定公司董事所為之商業決定，係在充分獲悉資訊的基礎上，以善意且真誠地相信其所為之行為是符合公司最佳利益。在無濫用裁量權之情況下，法院將尊重董事之商業判斷。原告應負舉證責任以相關事實來推翻此一推定[2]。

經營判斷法則的立論基礎主要如下：(一)避免法院藉事後審查過度介入公司經營。由於法院對一般商業決策過程與商業環境並不熟悉，再加上公司經營決策具一定程度之專業性，法院通常不會比董事更具備專業經營知識。若將公司經營決策事項交由法院加以審查，無異將造成法院取代公司董事會機能之情形[3]。同時，董事做決策當時之時空背景與事後法院審查時已有所不同，當法院作具體判斷時，已知悉該商業決策之結果，若容許法院從事後結果論斷董事責任，恐易產生爭議。因此，經營判斷法則即強調司法節制(judicial abstention)，尊重董事之商業判斷，法院不宜過度介入公司之經營，以避免陷入複雜的公司經營決策事務[4]。(二)避免股東不當干預董事經營決策。若股東可經常輕易請求法院審查董事之經營決策，將導致不肖股東透過訴訟影響董事決策[5]。再者，董事係由股東所選任，且股東亦擁有解任董事之權利。若股東認為董事執行職務不當，可依法透過股東會決議將其解任。因此，經營判斷法則尊重董事之決策權限，避免股東藉由訴訟不當干預公司經營事務，

2　*See* FRANKLIN GEVURTZ, CORPORATION LAW 291 (3rd. ed. 2021).

3　*See* GEVURTZ, *supra* note 2, at 290; STEPHEN M. BAINBRIDGE, CORPORATE LAW 116 (3rd ed. 2015).

4　*See* Stephen M. Bainbridge, *The Business Judgment Rule as Abstention Doctrine,* 57 Vand. L. Rev. 83, 87 & 119 (2004).

5　*See* GEVURTZ, *supra* note 2, at 302-03.

使董事可專心致力於公司經營[6]。(三)避免董事承擔過大的風險。由於董事並非萬能，在面對難以預測變化之商業環境，難免會有決策判斷失誤。若董事之商業決策係在充分獲悉資訊的基礎上，善意且真誠地確信其所為之決定或行為是符合公司最佳利益時，即使事後造成公司損失，應由全體股東共同承擔經營風險，不應只以該決定或行為之結果造成公司虧損，即令董事負賠償責任[7]。再者，若董事的潛在責任風險過大，可能導致董事因懼怕承擔相關責任而以保守的態度來執行職務，或導致優秀人才不願擔任公司董事職位之情形。經營判斷法則之存在，可鼓勵適格之人勇於擔任董事職位並積極任事，且可讓股東瞭解公司經營風險係由全體股東承擔，不應將此風險一概加諸於董事身上[8]。

6　*See id.*

7　*See* Lori Mcmillan, *The Business Judgment Rule as An Immunity Doctrine*, 4 Wm. & Mary Bus. L. Rev. 521, 528-29 (2013).

8　*See id.*

參、經營判斷法則適用之主要爭議問題

問題一：

董事一般商業決策有無經營判斷法則之適用？

　　由於商業環境瞬息萬變，商業決策經常附隨著風險與不確定性。即使董事已善盡其義務，某些商業決定仍可能無法達到預期目標，同時商業決策失敗有時亦在所難免，要求董事所有決策皆屬正確且能獲益，實際上亦不可能。如令董事皆為決策失敗負責，則責任為免過重，且僅以事後成敗論英雄，對董事而言並不合理。

　　在實務案例一中，早期臺北地方法院認為：「被告雖援引美國法院在司法實踐過程中建立之『經營判斷法則』(Business Judgement Rule) 即推定不具個人利害關係與獨立自主之董事，其所為之經營決策係依據充分資訊之基礎，基於誠信，認為此項決策符合公司最大利益，如因該項決策被訴，法院僅審究原告之主張與舉證是否足以推翻此項經營判斷法則之推定，如不足以推翻，則法院不得進一步審查經營決策之實體內容，以避免重複度判斷董事經營決策違失呈現後見之明之審理原則，而認原告等人舉證不足，不得遽行要求賠償等情。但我國公司法未將經營判斷法則予以明文化，且該原則適用對象為公司董事，與公司法第二十三條、第八條所稱公司負責人包含董事、監察人、經理人等之規範主體並不相同。又『經營判斷法則』包含兩項法律原則，一為程序上之推定，一為實體法上之規則，前者指在訴訟程序上推定具有善意與適當注意，後者指公司董事在授權範圍內，以善意與適當之注意而為的行為，即便造成公司損害或損失，亦無庸承擔法律上責任。然我國程序法推定免責，應以法律明文規定者為限，但並無此推定免責之規定，又公司法上之董事係適用民法委任關係為規範，且受任人處理委託事件具有過失或逾越權限，委任人依委任關係得請求賠償，而公司法無具體排除此項規定適用之明文，是不能採用上開法則，認本件有該法則適用，而使被告等人即可推定為善意，且對公司經營已有

適當注意，仍應按原告之舉證情形分別審酌之[9]。」

　　然而，在實務案例二中，臺灣高等法院臺南分院指出「按商業經營管理上，難免有所失誤，是否所有之誤失，不問情形，均應令董事負其責任？如此對於董事是否過嚴？是否會造成董事責任過大，令人對於擔任董事卻步，反而不利於公司經營及管理。因此，為促進企業積極進取之商業行為，應容許公司在經營上或多或少之冒險，司法應尊重公司經營專業判斷，以緩和企業決策上之錯誤或嚴格之法律責任追究，並降低法律對企業經營之負面牽制，此即為美國法上所稱『經營判斷法則』(business judgment rule)，故當公司董事已被加諸受任人義務，則董事在資訊充足且堅信所為決定係為股東最佳利益時，則全體股東即必須共同承擔該風險，而不得以事後判斷來推翻董事會之決定。而我國公司法第 202 條之規定，亦強調企業所有與企業經營分離原則，經營判斷法則乃確保由董事，而非股東經營公司，若允許股東經常輕易請求法院審查董事會之經營管理決策，決策權最終可能由董事會移轉至好訟成性之股東，其結果顯然與公司法第 202 條之立法意旨相悖。而承認所謂經營判斷法則，將可鼓勵董事等經營者從事可能伴隨風險但重大潛在獲利之投資計畫。此外，司法對於商業經營行為之知識經驗亦顯然不如董事及專業經理人豐富，故司法對於商業決定應給予『尊重』，因此減少司法介入，自有必要。換言之，法院不應立即事後猜測 (second guess) 而予以違法之認定，即使該經營決定是一個錯誤，而且其結果也確實讓公司因此遭受虧損，董事會亦不因此而負賠償責任，除非公司股東可以證明董事 (會) 於作成行為之當時，係處於『資訊不足』之狀況，或係基於『惡意』所作成，或參與作成決定之董事係具有重大利益衝突之關係等等。易言之，當董事之行為符合：(1) 董事對於經營判斷之事項不具利害關係。(2) 就經營判斷事項之知悉程度，為其在當時情況下合理相信為適當者。(3) 合理相信其經營判斷符合公司最佳利益，而基於善意作出經營判斷時，即認其已滿足應負之注意義務，即便董事經營決策嗣後

9　臺灣臺北地方法院 92 年度訴字第 4844 號民事判決

造成公司虧損,亦應免負損害賠償責任 [10]。」因此,臺灣高等法院臺南分院認為上訴為無理由。

雖然我國現行公司法對於經營判斷法則並無明文規定,且早期國內實務對於此一法則是否適用於我國見解不一(例如前述臺北地方法院 92 年度訴字第 4844 號民事判決以我國公司法對經營判斷法則並無明文規定為由,而對其採取否定之見解),但晚近國內實務就民事案件似有朝向肯定經營判斷法則適用之趨勢。而董事之商業決策欲受經營判斷法則之保護,必須符合下列要件:(1) 限於商業決定;(2) 無利害關係且基於獨立之立場所為的商業判斷;(3) 須盡注意義務;(4) 須為善意;(5) 未濫用裁量權。因此,董事之行為仍必須符合忠實義務與注意義務之要求。

補充:美國法院關於經營判斷法則適用之見解

在Smith v. Van Gorkom案(488 A.2d 858 (Del. 1985))中,Trans Union 公司股東提起團體訴訟,請求撤銷現金逐出合併(cash-out merger)。德拉瓦州最高法院認為商業判斷是否係在充分獲悉資訊的基礎下為之的認定,取決於董事在決策前是否取得合理情形下所有可得之重要資訊。由於本案董事會在開會決議現金逐出合併案前,多數董事完全不知開會之目的,並未閱讀任何關於交易的資料,而會議中多數董事僅單純相信董事長兼執行長Van Gorkom所提出之口頭報告,未進一步調查公司的實際價值,亦未詢問相關問題或做更深入的討論,顯然無法認定係在充分獲知資訊的情況下所為之決定,從而具有重大

10　臺灣高等法院臺南分院 104 年度重上字第 1 號民事判決。

過失，因此無法享有經營判斷法則之保護。

由Van Gorkom案可知，法院所強調者是董事作成決策之過程，而非結果。若董事於從事決策之過程未充分獲知資訊而具有重大過失，便無法受到經營判斷法則之保護。換言之，董事欲援引經營判斷法則保護，應於決策前合理知悉所有重大的資訊，並於決策過程中經詳盡的討論。縱使事後發現當初之決定並不明智，仍得認為董事已盡其注意義務。

實務案例三：高雄企銀案

被告丁於1995年任高雄企銀常務董事兼任潮州分行經理、被告己時任該行董事、被告丙時任該行審查部經理、被告戊時任該行副理，被告甲、乙分別時任該行之徵信課課長及調查員，係為高雄企銀處理事務之人。被告己於1995年間擔任孟郡公司實際經營負責人，孟郡公司為購買高雄縣湖內鄉某處土地興建住宅區之大型開發計劃，於1995年11月間以該公司名義向高雄企銀申貸放款1億5千萬元，並提供12筆坐落於臺南縣新市鄉之土地作為擔保品。被告甲、乙於現場訪價後未於徵信報告書上記載任何佐證資訊或訪價來源，即於「估價核算表」中，載明系爭12筆擔保土地之放款值為1億3千多萬元，超過公告現值估價之放款值。又申貸企業代表人即被告己於1995年4月1日至10月11日止，共計有17次補退記錄，總額達1億多

元，但被告乙於該「估價核算表」僅簡略載明「負責人有補退記錄」，被告甲、丁、戊亦依循該「估價核算表」內容逐層簽報。嗣呈至高雄企銀審查部時，審查部經理即被告丙於同年11月20日帶領審查科襄理與科長二人，前往擔保品現場進行勘估後，被告丙於該「估價核算表」中以放款值為8148萬元，簽請提呈董事會核示。該行總經理於同年11月21日審核該「超過授權限額審議申請書」時，明確批示將放款值1億3千萬與8千萬元兩案送核。同年11月22日高雄企銀常務董事會會議中，決議通過前述「擬併審查意見提請董事會審議」之意見。高雄企銀於1995年11月24日召開董事會，決議通過貸放金額1億1千萬元予孟郡公司。然孟郡公司於1998年9月起未續繳利息，致高雄企銀損失105,890,945元，致生損害於高雄企銀與該銀行投資大眾與股東之財產及利益。因認被告乙、丙、甲、陳麗常、戊、丁、己涉犯刑法第342條第1項背信罪，被告丙另違反銀行法第33條第1項規定，而犯同法第127條之1第1項罪嫌。

問題二：

董事之行為涉及背信罪有無經營判斷法則之適用？

在實務案例三中，臺灣高等法院高雄分院指出：「按所謂『經營判斷法則』(The Business Judgement Rule)，係英美法上為緩和董事之忠實義務與注意義務而發展出來之理論，以避免董事動輒因商業交易失利而應對公司負賠償責任，經多年理論與實務之發展，在實務運作上適用範圍已逐漸擴及經理人及從業人員。且金融機構從事授信貸放款業務之相關人員，於執行業務之過程中，就借款人提供擔保品之價值多寡、授信金額是否應為擔保品之一定成數、以及決定是否授信貸款等問題，均屬專業判斷事項，相同借款人、相同擔保品，對不同金融機構而言，或因對景氣之判斷不同，

或因對借款人之信用優劣之認定有異，或因市場競爭強弱，當因金融市場上各種財務性或非財務性因素，而產生不同之估價、授信標準及結論。金融業相關授信人員在商場上隨時須作商事判斷，其判斷之優劣，反映出市場競爭之一面，有競爭必有成敗風險，法院祇問是否在規則內競爭，其所為商事判斷是否符合公司內部控制制度之規定，法院不應也不宜以市場結果之後見之明，論斷相關授信人員原先所為商事判斷是否錯誤，甚而認失敗之商業判斷係故意或過失侵害公司，即論經營者或經理人以背信罪責。在此情形下，即有上開『經營判斷法則』之適用，倘無積極證據證明授信人員於授信過程中故意違背其任務及公司內部控制之規定，且有為自己或第三人不法利益之意圖，尚不得僅以該授信案件成為呆帳無法收回，即謂金融人員有何違背信託義務之行為，亦不能以背信罪責論處[11]。」因此，臺灣高等法院高雄分院認為既無積極證據證明被告乙、甲、戊、丁、丙於本件孟郡公司貸款案授信過程中有意圖為自己或第三人不法之利益，而故意為違背其任務之行為，即不得僅以該授信案件成為呆帳無法收回，遂將其以背信罪責論處。原審因而認被告犯罪無法證明，而為無罪之諭知，認事用法並無違誤，檢察官上訴意旨，猶執前詞，指摘原判決不當，為無理由，應予駁回。

實務案例四：力霸公司案

　　力霸公司與嘉食化公司自87年間起因營運狀況不佳，公司財務出現嚴重虧損，致力霸、嘉食化公司及其所轉投資設立之集團小公司，向金融機構申請貸款所提供作為擔保之前開公

11　臺灣高等法院高雄分院 96 年金上重訴字第 1 號刑事判決。

司股票有斷頭之虞。負責人王O乃指示王X等人共同規劃於力霸集團內調度資金,先由力霸、嘉食化公司向小公司收回應收帳款,或陳O等人洽談由小公司以購買嘉食化公司私募公司債(即本案之正道公司及久揚公司),或預付貨款方式將資金流入力霸公司、嘉食化公司,再以上開收取之款項轉投資設立小公司或承購原已設立之小公司增資股票。再由小公司依循規劃於小公司間及與力霸、嘉食化公司間進行虛偽循環交易,以窗飾營收,再持小公司窗飾營收之不實財報,佐以力霸、嘉食化公司以董事會決議為小公司背書保證之方式,向中華商銀等金融機構詐貸款項、申請授信。而正道公司及久揚公司向中華商銀申貸時,因營運狀況不佳,未具償債能力,亦未提供足額擔保品以確保中華商銀授信債權,本不宜放款,但陳O與王O等人共同基於意圖為第三人不法利益並損害中華商銀利益之概括犯意聯絡,由陳O與正道公司洽談,要求正道公司授信之三千萬元中之一千二百萬元須購買嘉食化公司之私募公司債,嗣後中華商銀於94年4月撥款三千萬元予正道公司,正道公司到期無法依約償還本金三千萬元。另陳O等人亦要求久揚公司須將貸款金額三億元中之九千萬元購買力霸或嘉食化公司之私募公司債,嗣果於94年12月撥款,惟久揚公司到期尚餘二億五千九百萬元未還。

　　同樣地,在實務案例四中,最高法院亦認為刑事案件有經營判斷法則之適用。最高法院在本案中表示:「按公司經營者對於公司經營判斷事項,享有充分資訊,基於善意及誠信,盡善良管理人之注意義務,在未濫用裁量權之情況下,尊重其對於公司經營管理的決定,是所謂『商業判斷原則』或『經營判斷原則』,其目的原在避免公司經營者動輒因商業交易失利而需負損害賠償責任。於具體刑事案件中,被告亦有

援引上開原則為辯者，倘公司經營者對於交易行為已盡善良管理人之注意義務，符合商業判斷原則，於民事事件已不負損害賠償責任，基於刑法補充性原則及法秩序一致性之要求，應認與『違背職務行為』之構成要件尚屬有間；但在公司經營者違反善良管理人之注意義務而有悖商業判斷原則時，若符合刑事法特別背信之主客觀構成要件，自應負刑事責任[12]。」

　　最高法院進一步認為，銀行授信放款行為乃風險交易行為，銀行授信承辦人員應綜合授信戶之資訊，基於善意及誠信而為是否授信放款之判斷。原判決依正道公司之徵信報告及證人之證詞，認正道公司之財務狀況不佳、負債比例偏高，致償債能力顯有疑慮，不宜放貸之事實，惟未說明中華商銀准許該放款究係違背何項授信核貸規定？且陳O於原審辯稱其於上開徵信報告中對正道公司之財務狀況已為負面評價之敘述，是否屬實？得否證明其已盡善良管理人之注意義務而有經營判斷法則之適用？原判決亦未具體認定說明，有調查未盡及理由未備之違法。因此將本案發回臺灣高等法院。

實務案例五：欣彰公司案

　　被告朱O係欣彰公司、和通公司（為欣彰公司之子公司）董事長；其子即被告朱X則擔任欣彰公司副董事長兼總經理及和通公司董事。被告二人明知99年12月間，欣林公司每股淨值僅有12元左右，市價約在每股13元至20元間，渠二人為爭取

12　最高法院 105 年度台上字第 2206 號刑事判決。

欣林公司經營權及該公司總經理職位，竟未依欣彰公司「內部控制制度」相關規定，由總經理召集成立投資評估小組，提出投資計畫與交易價格評估報告，再呈由權責主管或董事會核可後進行長期投資，乃由被告朱X指示欣彰公司會計主管於99年12月21日擬具簽呈，由被告朱X核可後，即據以分別於99年12月22日使用欣彰公司自有資金及名義，以每股35元之顯不相當價格，向林X等5人購買欣林公司股票共156萬多股，金額為5,480萬5,310元；復接續上述簽呈意旨，提早於100年1月3日以欣彰公司資金及名義，向林勇志等6人購買欣林公司股票共169萬多股，金額為5,939萬7,240元，另以欣彰公司百分之百持股之和通公司名義，實質上運用欣彰公司資金，向林X等16人購買欣林公司股票314萬多股，金額為1億999萬8,140元。嗣欣彰公司之法人股東退輔會發現欣彰公司上述長期投資，旋指派監察人曹O前往欣彰公司查核，始知上情，退輔會乃要求欣彰公司說明，惟被告均置之不理，該會遂於100年4月間委託大慶證券出具欣林公司股價評估報告，欣林公司於99年12月間之合理股價區間約為每股13.97元至22.76元，建議每股市價為19.96元，而被告朱X之配偶張O於99年12月28日，亦僅以每股13元之價格購買欣林公司股份共4萬多股，與欣彰公司前述承購之每股35元顯不相當，並因此造成欣彰公司之重大損失，因認被告等涉犯證券交易法第171條第1項第2款、第3款之使公司為非常規交易、背信罪嫌。

　　然而，在實務案例五中，臺灣高等法院105年度金上訴字第32號刑事判決卻認為經營判斷法則於刑事案件並無適用之餘地。臺灣高等法院在本案中指出：「按美國法上之經營判斷法則係適用於民事訴訟程序，並未見有以經營判斷法則作為刑事抗辯之例。且依美國法規定，董事的

行為是否違反刑法，法院仍需證明董事的客觀不法及主觀不法至無合理懷疑程度。董事的行為構成犯罪並不受經營判斷法則之保護，仍得訴追其刑事責任。經營判斷法則之舉證責任規範，於刑事訴訟亦不適用。」儘管如此，臺灣高等法院於本案判決中亦表示「經營判斷法則於刑事審判固無適用餘地，惟檢察官就背信罪，除須舉證證明行為人所為係『違背任務之行為』，行為人對『違背任務之行為』、『生損害於本人之財產或其他利益結果』具有認識，及本人財產或其他利益生損害之結果外，尚須證明行為人具備背信意圖。而行為人有無欠缺對背信行為及損害結果之『認識』，不具背信故意，以及行為人是否具背信意圖，牽涉行為人之主觀意識，惟行為人之主觀意識為何，通常無法直接證明。檢察官須依靠一些客觀存在的事實狀況，間接證明行為人之主觀心態。另檢察官就非常規交易罪，須舉證證明行為人對公司所為交易係屬非常規交易及公司生損害結果具有認識，檢察官亦須依靠一些客觀存在的事實狀況，間接證明行為人之主觀心態。倘檢察官於具體個案已舉證證明一些客觀存在的事實狀況，致行為人受到具背信故意及意圖或具非常規交易罪故意之不利益判斷時，行為人得聲請調查或提出證據，證明其對違背任務之行為並無認識及其係基於為本人利益之可能性，或其對公司所為交易係屬非常規交易並無認識，以動搖法院因檢察官之舉證對行為人所形成之不利心證，此一舉證過程原與經營判斷法則無涉。然而，公司之商業決策本具時效性，經常伴隨風險與不確定性，為使公司更具商業競爭力，不應限制公司經營者從事重大潛在獲利，但可能伴隨高度風險之投資計畫，亦不應以投資結果論斷其經營判斷是否妥當。倘行為人所為係屬經營決策(判斷)範疇，且係違反注意義務。法院於認定行為人是否具背信意圖、是否認識所為係『違背任務之行為』或公司所為交易係屬非常規交易時，仍應考量經營判斷法則背後之原理[13]。」換言之，臺灣高等法院雖於本案否定經營判斷法則適用於刑事案件，但其認為該法

13　臺灣高等法院 105 年度金上訴字第 32 號刑事判決。

則背後蘊含之原理，法院於認定行為人是否具背信意圖、是否認識所為係違背任務之行為或公司所為交易係屬非常規交易時，仍應納入考量。

　　近來，臺灣高等法院105年金上訴字第2號刑事判決亦肯認刑事案件有經營判斷法則之適用。臺灣高等法院在本案中表示：「按美國法之『經營判斷法則』或稱『商業判斷原則』(The Business Judgement Rule)，係英美法上為緩和董事之忠實義務與注意義務，而經美國法院實務發展，經營判斷法則係推定公司董事所做成之商業決策乃係與自己無利害關係或自我交易之情形下所完成，且係在掌握充分資訊基礎下，基於善意並且誠實的相信該行為符合公司最大利益，而保護董事和經理人，只要基於善意且已盡適當之注意，在其權限範圍內所做成之交易決策，即便該交易無利益或造成公司損害，董事及經理人仍得免除其法律上之責任，亦即是使董事及經理人為商業決策、行使職務，不僅因判斷錯誤而受法律追訴，旨在尊重董事及經理人基於善意對公司經營管理之決定，若致公司損失，免於承擔個人責任的推定法則，然經美國法院實務之推演，商業判斷原則其前提必須符合下列五要件：(1)該案件涉及商業決策… (2)對於該交易不具個人利害關係且具獨立性… (3)已盡到合理注意義務… (4)基於誠實善意… (5)無濫用裁量權… 。且董事及經理人之決策如有詐欺(fraud)、不法(illegality)、權限外行為(ultar vires conduct)及浪費(waste)之情形，即使該行為是為了公司最佳利益，商業判斷原則亦不加以保護，蓋詐欺、不法、權限外行為涉及不法，而浪費涉及違反受任人義務，一般咸認屬於商業判斷原則之消極要件。而本案被告… 於判斷中化公司應以若干股價購買友嘉公司股票之過程中，非但具有利害關係且失獨立性，違反利益衝突，逕自讓證人林o聯從中賺取差價，且於股權價格合理性評估意見書上不實記載電子股價淨值比，顯未善盡善良管理人之注意義務，而未盡到合理注意義務，又以未記載受款人及禁止背書轉讓之支票給付股款，並於董事會決議前即完成股票交割，違反中化公司取得或處分資產處理程序，且顯然逾越權限，揆諸前開商業判斷原則之說明，實與商業判斷原則所欲保護者規範目的有別，且不合於商業判斷原則之要件，是被告王O、林O此部分所辯，恐

屬誤會，無足可採。」

　　由於董事決策如事後導致公司虧損時，外觀上易推論出董事有違背職務行為且有損害公司意圖，進而可能認為有背信之嫌，再加上目前國內實務常見董事有違反受任人義務之嫌時，採取以刑逼民之方式，訴追董事責任。若董事決策造成公司虧損者，均成為司法審查對象，恐將使得董事動輒面臨訴訟風險，如此將不利於公司長遠發展。從此一角度出發，經營判斷法則之適用在刑事案件似乎亦有其必要。目前國內實務不乏肯認經營判斷法則在刑事案件亦有適用，縱使認為刑事案件無經營判斷法則之適用，亦認為該法則之精神與原理在刑事訴訟程序亦可借鑒，直接否定經營判斷法則適用於刑事案件似乎較為少見。

實務案例六：金尚昌公司案

　　林O係金尚昌公司實際負責人，因林三號公司（後更名為金尚昌公司）營運困難，為避免該公司下市，林O、董O及時任林三號公司總經理及該公司法人股東億國建設股份有限公司（董事長為林O）指派董事陳O，三人遂決定以林三號公司購買之臺北縣淡水鎮10筆建地，帳面價值18億元作為「以物抵債（償）」予啟揚公司，以該價格扣除水仙段土地於87年間向中聯信託貸款11億元債務本金及遲延利息、違約金3億4,538萬元，共計14億4,538萬元，啟揚公司另再分期支付金尚昌公司3億5,500萬元，交易總額計18億38萬元；陳O、董O旋依林O指示通知不知情之董事林X等人於95年5月3日召開林三號公司董事會，決議通過將上述水仙段土地依「以物抵債（償）」方式全部轉讓予抵押擔保債權人啟揚公司，以免除全部債務，啟揚公司再給付3億5500萬元予林三號公司，金尚昌公司並於95年

5月3日於公開資訊觀測站公告重大訊息。

　　由於啟揚公司係由董O依林O之指示，委託王O會計師所設立，啟揚公司會計帳務亦係由董O及金尚昌公司會計陳X處理，王O會計師查核啟揚公司帳務時亦係至金尚昌公司向董O拿取啟揚公司之財務資料，足認金尚昌公司對啟揚公司具控制能力及重大影響力，啟揚公司係屬金尚昌公司之實質關係人。而金尚昌公司與實質關係人啟揚公司前揭交易抵償金額高達18億423萬1千元，屬於實質關係人間之重大交易，應予揭露於財務報表中。但林O等三人竟接續於95年10月20日、96年4月25日及96年4月27日編製「金尚昌開發股份有限公司95年及94年第三季財務報表暨會計師核閱報告」、「金尚昌開發股份有限公司95年度及94年度財務報表暨會計師查核報告」、「金尚昌開發股份有限公司及其子公司95年度及94年度合併財務報表暨會計師查核報告」、「金尚昌開發股份有限公司96年及95年度第一季財務季報表暨會計師核閱報告」時，故意隱匿而未在「關係人交易」項下誠實揭露上述關係人重大交易之會計事項，均足以生損害於證券交易市場投資人之正確判斷及主管機關對於金尚昌公司財務報告查核之正確性。案經金管會告發報請臺北地檢署檢察官偵查起訴。

問題三：

當經營判斷法則遭推翻後如何處理？

　　在前述實務案例六中，臺灣高等法院指出：「經營判斷法則適用之限制其一為公司董事必須不屬於交易雙方當事人之一方，即須無利益衝突(No Conflict of Interest)，倘公司董事於公司交易過程中立於個人財務上之益處

(benefit)，並從中獲得個人的利益 (interest) 時，該董事之責任即不受經營判斷法則之推定保護，惟並非即認為不法，該經營判斷將受司法之審查，亦即董事對於該利益衝突之交易應受公平性標準 (fairness standard) 的審查。此外，公司董事為他人之利益者，亦同。蓋以經營判斷法則之規定乃是推定董事在為經營判斷行為時係以不屈服法則 (unyielding precept) 為基礎，則董事之獨立性 (independence) 要件，即為經營判斷法則之固有概念與基本原理。是董事之決策過程違反經營判斷法則之適用前提，則法院須審理系爭決策是否公平，而轉由董事舉證證明，其所為之決策，不論是交易過程或交易價格，均符合『公平原則』(fairness standard)。查本件啟揚公司與金尚昌公司為關係人，…，則被告林 O 以金尚昌公司所有系爭水仙段土地以物抵債（償）予啟揚公司之交易顯然含有利害衝突性質，依經營判斷法則，被告林 O 所為此交易即不受經營判斷法則之保護，而必須檢驗本件系爭以物抵債（償）之財產交易過程或交易價格是否符合『公平原則』(fairness standard) 且具有合理性。」

　　臺灣高等法院進一步表示：「當經營判斷法則遭推翻後，法院即進入交易實質公平性之審查，由被告董事就交易對公司而言係屬公平加以舉證。進入實質公平性的檢驗，民事上並不代表系爭交易必然遭到撤銷或董事必須就公司的損害負起責任，刑事上亦非可認定違法。經由董事就其交易之公平性、合理性舉證，並不排除法院判決董事會之決策係屬公平、合理。公平性之概念有二個基本層面，即公平之交易過程與公平之價格。公平交易過程所考量者，包括交易開始進行之時間、交易如何開始、交易過程如何、協議內容如何達成、資訊對無利害關係之董事或股東如何揭露、說明及如何獲得無利害關係董事或股東同意等。至於公平之價格涉及系爭交易之經濟與財務考量，包括所有與其相關之要素，如資產、市場價格、獲利條件、未來發展性與其他任何可能影響股票價格之因素。公平性概念並非需絕對區分公平交易過程及公平價格而分別考量，所有爭議中之各項要素，皆須從整體性立場審查，因問題之重點在於是否符合整體公平。實質公平性之審查除需整體考量上開因素外，尚應注意者有二端：其一、被告董事在交易中嗣後獲利大小與交易公平性無關。舉例而言，公司以市值每股 10 元之股份選擇權共 50 萬股交換董事所有的某項資產，依當時股價，

該項交易應屬公平，嗣後公司因取得該項資產而股價大漲，被告董事行使選擇權，獲利超過交易當時之價值數倍，原告即不得以董事獲利超過該項資產之價值而主張交易不公平。蓋交易公平與否應在於公司值不值得以五十萬股之選擇權交換該項資產，而不在於被告董事獲利多少。其二、公平性之判斷時點應以契約成立時為準，蓋嗣後之情事變化，如屬於客觀上董事於行為時可預見之範疇，即不得以該情事之發生而主張交易不公平[14]。」在檢驗本件以物抵債(償)之財產交易過程或交易價格後，臺灣高等法院認為其符合公平原則且合理性之檢驗，亦即水仙段土地以物抵債(償)移轉至啟揚公司交易及決策過程並無不當，交易價格及條件符合市場行情而對金尚昌公司為有利之安排，因此，難認該以物抵債(償)之交易有不符營業常規或掏空公司損及金尚昌公司之利益。

補充：美國法院就經營判斷法則於敵意併購下目標公司董事會採取防禦措施應如何適用之見解

在敵意併購之情況下，目標公司董事採取防禦措施對抗敵意併購，可能係基於維護自身對公司的控制權或既有利益，從而董事與公司及股東間可能有利益衝突存在。因此，美國德拉瓦州最高法院於著名的Unocal Corp. v. Mesa Petroleum Co.案(493 A.2d 946 (Del. 1985))中，採取所謂「修正的經營判斷法則」(modified business judgment rule)，來審查目標公司董事採取防禦措施之行為是否違反受任人義務。

---

14 臺灣高等法院 103 年度金上重訴字第 29 號刑事判決。

　　德拉瓦州最高法院表示，當公司面對公開收購時，董事會即有義務判斷該公開收購是否為公司及股東之最佳利益，而此一判斷本身應享有經營判斷法則之保護。但因目標公司董事會之行為可能會有為其自身利益而非公司及股東利益之疑慮，故法院對董事義務之審查，不同於傳統的經營判斷法則，董事此時有一加強義務，作為其享有經營判斷法則保護之前提，並先經法院予以審查。又由於目標公司董事負有受任人義務，在其運用權限抵禦敵意收購時，應以公司股東之最佳利益為考量。而董事的注意義務擴及至保護公司及股東免於第三人或其他股東之侵害。惟此一權限並非毫無限制去對抗任何威脅，其採取防禦措施必須係出於善意為公司及股東之利益，則在此情況下可免於被認定為詐欺或其他不當行為。其次，若目標公司董事所採取之防禦措施欲受到經營判斷法則之保護，則對該威脅所為之防禦措施必須係屬合理。而董事應分析該公開收購之性質及其對公司之影響(包括收購價格是否適當、收購之性質與時點、違法性問題、對公司其他利害關係人之影響以及收購未完成之風險等)。

　　換言之，目標公司董事在採取防禦措施因應敵意併購時，若欲尋求經營判斷法則之保護，必須符合兩個前提要件：一是董事必須合理相信有危害公司政策與效率之威脅存在（即「合理性測試標準(reasonableness test)」）；二是董事對此威脅所採取的防禦措施必須適當（即「比例性測試標準(proportionality test)」）。關於第一個要件，目標公司董事必須證明在經過合理的調查後，基於善意相信該敵意併購對於公司政策與效率造成威脅。且若該決議係由多數外部獨立董事組成之董事會決議通過，則更能符合此項證明義務。就第二個要件而言，目標公司董事會並不具有無限制的裁量權，可採用任

何嚴苛的防禦措施來抵抗敵意併購之威脅。目標公司董事必須證明所採取之防禦措施合理地與敵意併購所造成之威脅具有相當關係，且施行效果亦合乎比例。唯有在符合此兩項前提要件時，董事之決策始受到經營判斷法則之保護。

See FRANKLIN GEVURTZ, CORPORATION LAW 742-63 (3rd ed. 2021).

肆、對董事執行業務之建議

一、董事執行職務仍須善盡忠實與注意義務，始得受經營判斷法則之保護。

　　由於董事之商業決策欲受經營判斷法則之保護，必須符合下列要件：(1)限於商業決定；(2)無利害關係且基於獨立之立場所為的商業判斷；(3)須盡注意義務；(4)須為善意；(5)未濫用裁量權。因此，董事之行為仍必須符合忠實義務與注意義務之要求。若董事執行職務有違反忠實義務與注意義務，將無法符合前述要件，也就無法受到經營判斷法則之保護。

美國法律協會(ALI)所公布的「公司治理原則-分析與建議」(Principle of Corporate Governance：Analysis and Recommendations)之規定

　　公司治理原則第4.01條第c項規定：「董事或經理人基於善意所為之商業判斷如符合下列情形，則認為已履行其義務:(1)對於該商業判斷事項無利害關係；(2)關於該商業判斷事項所知悉之資訊在當時情況下為其合理相信之適當程度；(3)合理相信其商業判斷係為公司最佳利益。」

　　公司治理原則第4.01條第d項則規定：「主張董事或經理人不符合本條所定經營判斷法則之人，必須負證明董事或經理人違反注意義務之責。」

二、董事在作成決策前，必須掌握相關重要資訊、聽取公司經理人
　　或外部專家顧問之意見，並進行適當的詢問、充分瞭解後，在
　　充分討論並基於所得之資訊作成決議，才受經營判斷法則之保
　　護。

　　　　由於經營判斷法則乃是推定公司董事所為之商業決定，是在
　　充分獲悉資訊的基礎上，以善意且真誠地相信其所為之行為是符
　　合公司最佳利益，在無濫用裁量權之情況下，法院將尊重董事之
　　商業判斷。因此，董事於決策時（特別是涉及公司經營權變更之
　　重大交易），應掌握相關重要資訊、聽取公司經理人或尋求外部
　　獨立專家意見，並提出相關詢問（不能僅單純消極地全盤接受專
　　家的意見），在充分討論並基於所得之資訊作成決議，始受經營
　　判斷法則之保護。

三、經營判斷法則並非使董事生免除實體法上責任之效果，而是產
　　生一種推定免責之效果。

　　　　觀諸實務對經營判斷法則之運用可知，此一原則乃是一種
　　程序上之推定。就董事所為之商業決策，推定該董事無利害關係
　　且具獨立性，在資訊充足下，基於合理注意、善意且真誠地相信
　　其所為之行為是符合公司最佳利益。在經營判斷法則之下，若原
　　告無法舉反證推翻經營判斷法則之要件，除作成決策之被告董事
　　免於負擔責任外，該決策本身亦不受法院事後審查。反之，若原
　　告舉證推翻經營判斷法則之推定後，被告董事之行為將由法院審
　　查，此時舉證責任將移轉至被告董事，由被告董事證明其行為未
　　違反受任人義務。

四、董事之商業決策若存有利益衝突，將不受經營判斷法則之保護，
　　系爭交易將接受整體公平性之審查。然而，若系爭交易是在利
　　益衝突已充分揭露，並經由不具利害關係且具獨立性之董事所
　　決議通過，或經由無利害關係之股東同意，則該交易將受經營
　　判斷法則保護。

　　由於董事之商業決策若存有利益衝突時，經營判斷法則之推定將會遭原告舉證推翻，此時舉證責任將移轉至被告董事，由其應證明系爭交易係屬整體公平。即被告董事必須使法院相信系爭交易為公平交易與公平價格之產物。其中公平交易過程所考量者，包括交易開始進行之時間、交易如何開始、交易過程如何、交易內容如何達成、資訊對無利害關係之董事或股東如何揭露、說明及如何獲得無利害關係董事或股東同意等。而公平之價格涉及系爭交易之經濟與財務考量，包括所有與其相關之要素，如資產、市場價格、獲利條件、未來發展性與其他任何可能影響股票價格之因素。

　　然個別董事雖於系爭交易具利益衝突，但若系爭交易是在利益衝突已充分揭露，並經由不具利害關係且具獨立性之董事所決議通過，或經由無利害關係之股東同意（亦即該具利益衝突之董事被排除在決策機制之外），則將產生利益衝突淨化之效果，使該交易受經營判斷法則保護。

實務專家評論─《經營判斷法則與背信》

金玉瑩

建業法律事務所 主持律師兼所長

關於經營判斷法則，學界與實務界對於引進及適用與否，當前各界應存有不同看法。晚近實務見解中，不論於民事或刑事訴訟程序，皆能見到法院採用，此一趨勢與美國實務界對於經營判斷法則原則上，僅限於民事訴訟程序，而不及於刑事訴訟程序[1]，有所不同，值得注意。

另一觀察重點則落在商業法院於2021年5月公布的商業事件審理細則第37條中，採納經營判斷法則，以進一步解釋董事注意義務、忠實義務[2]。依據《商業事件審理細則》第37條之規定，「法院審理商業事件，得審酌下列各款情事，以判斷公司負責人是否忠實執行業務並盡善良管理人注意義務：一、其行為是否本於善意且符合誠信。二、有無充分資訊為基礎供其為判斷。三、有無利益衝突、欠缺獨立性判斷或具迴避事由。四、有無濫用裁量權。五、有無對公司營運進行必要之監督。」

而將此些文字訂於審理細則，將使法官有所依據，對於認定董事有無違反其義務時，可依循此一標準。司法院此舉，即便審理細則並非法律，仍將使未來審理細則第37條一再被引用，進而形成判決，在原先就有不少判決採納經營判斷法則的前提下，或許以經營判斷法則為認定董事義務標準，將成為主流見解。

---

1 參郭大維，論商業判斷原則於董事責任法制下之運用─檢視、比較與省思，月旦民商法雜誌，2020年6月，第34頁。

2 參陳春山，商業法院對董事會運作及董事執行職務之影響，萬國法律，2021年6月，第3頁。

　　英美法制上體認到商業實務之現實，公司經營者往往係針對未來諸多不確定因素之情況下做出商業判斷，法院應拿捏好司法審查之標準及界限，提供能夠因案制宜、富有彈性之法制環境，以使董事得以安心履踐其義務，方有助國家經濟及產業發展[3]，故我國對於經營判斷法則之採用，筆者身為法律從業人員，亦樂觀其成。

　　惟經營判斷法則要能確實落實，以達到保護董事，鼓勵董事勇於任事之效果，重點在於董事再作相關決定前，需要充分資訊。我國《公司法》雖於2018年大修，然而草案中第193之1條「董事為執行業務，得隨時查閱、抄錄或複製公司業務、財務狀況及簿冊文件，公司不得規避、妨礙或拒絕。公司違反前項規定，規避、妨礙或拒絕者，代表公司之董事各處新臺幣二萬元以上十萬元以下罰鍰。」卻遭替換為現行有關董事責任保險之規定。如此一來，對於非公司派之少數派董事，若非獨立董事，在可能沒有辦法獲得充分資訊的前提下，如何能受到經營判斷法則之保護，此一難題應如何解決，尚有待立法者、學者與實務界一同思考解方。

3　參王文宇，公司負責人的受託義務—溯源與展望，月旦民商法雜誌，2020 年 6 月，第
　　12 頁。

—— 第七章 ——

企業併購與董事責任

林建中

國立陽明交通大學科技法律學院教授

問題說明

近年國內併購活動逐漸普及增加，當併購已經逐漸變成日常商業活動中的一環時，收購與被收購的公司董事會各應負擔何種責任，即成為公司治理中必須具備的相關知識。

特別是近年來層出不窮的企業併購爭議，包括2015到2016年的矽品/日月光經營權爭奪案，2017年的榮鋼案，2019年起延宕數年的永大電機/日立案，2020年的友訊案，2021年的東元電機父子爭奪經營權案，以及2021年末喧騰多時的光洋科案。當然，這中間也包括糾纏將近十年、直到2020年才告一段落的大同公司經營權爭奪戰。其他較小的案件，包括誠美材、聯光通、東林、太普高等上市櫃公司的經營權爭奪，都引發社會的重大矚目。相關問題不僅涉及公司經營權的移轉，同時也涉及多重複雜的法律爭議。換言之，併購現象在現今台灣，不論願意與否，都已經成為無可迴避的重要問題。

身為董事，你知道應該如何對應或進行相關併購行為？哪些類型的併購行為需要股東會決議？對方假如只希望取得部分股權時，你應該問哪些問題或如何回應？而什麼又是「股份轉換」？哪些活動法律要求需要經過特別委員會？而其權限與行使程序究竟為何？少數股東有異議時應如何處理？你又應該如何進行相關程序以符合法律規定嗎？相關問題，都是現今董事會成員與公司經營團隊中成員，都必須高度重視的具體問題。而以下我們將會透過相關案例的介紹，提供相關問題必要的初步認識。

壹、前言

　　企業併購事件，一旦出現，由於涉及財務利益相對巨大，對於大多數公司（包括董事會、員工及股東），都是重大的變動或挑戰。而從法律層面，面對併購活動，不論是接受或對抗，均涉及相關複雜的法律要件，其決定之做成，後續程序之充分踐履，相關利益當事人的權益保障，特別是原有相對大股東的出場或留下，都會是複雜的難題與考驗。而這些工作的實際操作，大多數都會落在雙方董事會的身上。

　　特別是從被收購的公司之角度，併購者的出現，不論是合意或非合意併購，從相關收購價格的同意或拒絕、公司現務（借貸、業務、開發等各式計畫）繼續或中止的考慮、員工的保障、併購查核與契約簽訂、公司法與其他法律程序（可能包括原債權人同意、政府就特殊領域的許可，如公平法聯合行為相關程序），都會是商業上與法律上決策能力的重大挑戰。而這些任務，需要董事會高度慎重，同時也需要公司內部與外部各類型的專業人員，在高度時間壓力下密集投入與協助。

　　進一步而言，從董事會角度，如何決定收購價格是否公允或應該接受，將會是相關收購活動第一個關鍵，也將會決定收購走向合意或非合意。換言之，被收購公司對於自身公平價格的想法，將密切牽動後續活動。當被收購方認為收購價格不足，可能就會走向二種道路：一是採取各種反併購措施積極抵抗；相對的，則也可採取略微中立或消極的立場，僅建議股東拒絕此一收購要約。

　　第二個從董事會角度需要密切處理的問題，在於「利益衝突」的處理。從公司法或併購法的角度，不管接受或拒絕收購價格，被收購公司的董事會（甚至包括大股東），均可能產生高度利益衝突，其中包括是否對大股東有差別對待、或對標的公司的經理階層或董事另協商留任契約等情形。因而在程序上，相關操作如何確保並不會違反受任人義務，甚至危及交易本身，都成為雙方經理階層與董事會必須密切注意的事項。

　　以下，本章將以法條及案例並行的方式，分別介紹在企業併購中應該注意的事項，並透過案例的介紹分析，以使讀者瞭解法院在面對相關活動時，所可能採取的觀點。

貳、法規架構

　　在我國，公司在面臨企業併購時，與董事責任相關的主要法條分別如下：

一、董事義務的法律層面

公司法第二十三條第一項及第三項

「公司負責人應忠實執行業務並盡善良管理人之注意義務，如有違反致公司受有損害者，負損害賠償責任。

．．．．．．．

公司負責人對於違反第一項之規定，為自己或他人為該行為時，股東會得以決議，將該行為之所得視為公司之所得。但自所得產生後逾一年者，不在此限。」

企業併購法第五條

「公司進行併購時，董事會應為公司之最大利益行之，並應以善良管理人之注意，處理併購事宜。

公司董事會違反法令、章程或股東會決議處理併購事宜，致公司受有損害時，參與決議之董事，對公司應負賠償之責。但經表示異議之董事，有紀錄或書面聲明可證者，免其責任。

公司進行併購時，公司董事就併購交易有自身利害關係時，應向董事

會及股東會說明其自身利害關係之重要內容及贊成或反對併購決議之理由。」

企業併購法第六條

「公開發行股票之公司於召開董事會決議併購事項前，應設置特別委員會，就本次併購計畫與交易之公平性、合理性進行審議，並將審議結果提報董事會及股東會。但本法規定無須召開股東會決議併購事項者，得不提報股東會。

前項規定，於公司依證券交易法設有審計委員會者，由審計委員會行之；其辦理本條之審議事項，依證券交易法有關審計委員會決議事項之規定辦理。

特別委員會或審計委員會進行審議時，應委請獨立專家協助就換股比例或配發股東之現金或其他財產之合理性提供意見。

特別委員會之組成、資格、審議方法與獨立專家之資格條件、獨立性之認定、選任方式及其他相關事項之辦法，由證券主管機關定之。」

基本上，上開規定除要求特別委員會之設置之外，主要的精神，仍在「為公司最大利益」的忠誠義務，「善良管理人」之注意義務，及「獨立專家協助之引入」三點。

二、法規命令層面

「公開發行公司併購特別委員會設置及相關事項辦法」

在法規命令層次，最直接相關且重要的是「公開發行公司併購特別委員會設置及相關事項辦法」。該辦法總共有十一條。其中除重複上開法律層級規定外，主要內容可歸納如下：

- 公開發行公司設置特別委員會應訂定特別委員會組織規程，其內容包括特別委員會之成員組成及人數、特別委員會之職權事項、

特別委員會之議事規則、及特別委員會行使職權時，公司應提供之資源。該組織規程之訂定修正，皆應經董事會決議通過。

- 人數與獨立性：特別委員會成員之人數不得少於三人，其中一人為召集人。委員會原則上應由獨立董事組成；無獨立董事、未符合資格或人數不足之部分，由董事會遴選之成員組成。其成員資格應符合公開發行公司獨立董事設置及應遵循事項辦法第二條及第三條規定，且不得與併購交易相對人為關係人，或有利害關係而足以影響獨立性。

- 特別委員會為決議時，應有全體成員二分之一以上同意，並將審議結果與成員同意或反對之明確意見及反對之理由提報董事會。

- 廣泛的保密義務：參與或知悉公司併購計畫之人，應出具書面保密承諾，在訊息公開前，不得洩露計畫內容，亦不得自行或利用他人名義買賣與併購案相關之所有公司之股票、其他具有股權性質之有價證券及其衍生性商品。

同時，針對上市公司，臺灣證券交易所股份有限公司另頒佈「○○股份有限公司併購特別委員會組織規程」參考範例及「○○股份有限公司併購資訊揭露自律規範」參考範例，以供參考。

於臺灣證券交易所股份有限公司頒佈「「○○股份有限公司併購特別委員會組織規程」參考範例」[1]及「「○○股份有限公司併購資訊揭露自律規範」參考範例」，各自提供了更具體細節的規範。其中前者大體重複「公開發行公司併購特別委員會設置及相關事項辦法」，後者則主要依循「業務人員資訊保密」與「資訊揭露」兩條主軸，予以規範。其中主要條文有：

- 「○○股份有限公司併購資訊揭露自律規範」參考範例第五條，規範保密義務的部分：

1　另需注意者，於公開收購之情況，被收購公司依照「公開收購公開發行公司有價證券管理辦法」第十四條之一規定，應設置公開收購審議委員會。其內容大體仿效公開發行公司併購特別委員會。該條規定：

「被收購有價證券之公開發行公司於接獲公開收購人依第九條第六項規定申報及公告之公開收購申報書副本、公開收購說明書及其他書件後，應即設置審議委員會，並於十五日內公告審議結果及審議委員符合第四項規定資格條件之相關文件。

前項之審議委員會應就本次公開收購人身分與財務狀況、收購條件公平性，及收購資金來源合理性進行查證與審議，並就本次收購對其公司股東提供建議。審議委員會進行之查證，須完整揭露已採行之查證措施及相關程序，如委託專家出具意見書亦應併同公告。

審議委員會委員之人數不得少於三人，被收購有價證券之公開發行公司設有獨立董事者，應由獨立董事組成；獨立董事人數不足或無獨立董事者，由董事會遴選之成員組成。審議委員會委員之資格條件，應符合公開發行公司獨立董事設置及應遵循事項辦法第二條第一項及第三條第一項規定。

審議委員會之審議結果應經全體委員二分之一以上同意，並將查證情形、審議委員同意或反對之明確意見及其所持理由提報董事會。委員出席方式準用公開發行公司併購特別委員會設置及相關事項辦法第七條第二項規定。

審議委員會之議事，應作議事錄，審議過程公司應全程錄音或錄影存證，議事錄與相關存證資料之保存期限與保管方式準用公開發行公司併購特別委員會設置及相關事項辦法第十條規定。

被收購有價證券之公開發行公司於接獲公開收購人重行申報及公告之書件後，應即通知審議委員會進行審議，並於十五日內重行公告審議結果。」

「本公司應與第三條規範之外部機構或人員及其他知悉相關訊息之人員，簽署保密協定（如附件），並應要求第三條規範之公司內部人員出具書面保密承諾（如附件），且嚴守保密原則。另公司應保留與併購案相關之會議紀錄與人員簽到簿，以供備查。

所有參與公司併購計畫之機構及人員，在併購消息公開前，不得對外洩露任何有關併購之訊息，亦不得自行或利用他人名義買賣與併購案相關所有公司之股票及其他具有股權性質之有價證券。

當公司併購計畫尚未對外公開前，而相關併購資訊疑似外洩時，本公司應採取適當措施，並指派內部稽核人員或其他適當人員進行調查，必要時向監察人報告，以保障股東權益。」

- 「〇〇股份有限公司併購資訊揭露自律規範」參考範例第六條進一步處理對外溝通的方式：

「所有參與公司併購計畫之機構及人員，對於併購案或可能之併購案應審慎行事，除法令或本規範另有規定外，面對外界詢問時，不得透露任何公司併購之相關訊息，有關公司併購議題統一由公司負責人、發言人或代理發言人負責處理，以避免誤導股東及投資大眾產生錯誤期待或造成相關公司股價波動等情事。」

第七條另規定：

「本公司有關併購資訊之公布或澄清，應由公司負責人、發言人或代理發言人負責處理，發言內容應以本公司授權範圍為限，面對外界詢問時，應不任意透露聘用之顧問、可能併購對象或可能併購條件等訊息，並應遵守本守則第六條及第八條之規定。」

第八條規定回應方式：

「外界對本公司有進行併購之傳聞或查詢時，本公司回應方式如下：

一、 併購訊息須待參與公司董事會決議通過後，始可對外公開揭露。

對外界傳聞或查詢，應以不予置評回應。

二、 本公司並無與任何其他公司進行併購計畫，對於外界傳聞或查詢與事實不符，本公司應予以否認及說明。

三、 本公司曾與其他公司進行併購磋商，惟併購計畫已不可行而終止，對外界傳聞或查詢，本公司應予適當說明。」

- 最後比較特殊的，在第十一條的部分，規定了利益衝突董事身份揭露、以及公開收購方應避免造成對方異常股價波動之資訊揭露：

「本公司於併購資訊公開時，應同時揭露下列就併購交易有自身利害關係之董事相關內容：

一、 董事姓名。

二、 其自身或其代表之法人有利害關係之重要內容，包括但不限於實際或預計投資其他參加併購公司之方式、持股比率、交易價格、是否參與併購公司之經營及其他投資條件等情形。

三、 董事會決議時其應迴避或不迴避理由。

四、 董事會決議時迴避情形。

五、 董事會決議時贊成或反對併購決議之理由。

本公司除依企業併購法規定無須召開股東會者外，應向股東會報告前項各款所列內容。

本公司採公開收購方式併購其他公司時，應依「公開收購公開發行公司有價證券管理辦法」及本規範第二條相關資訊揭露規定辦理資訊公開。在資訊未公開前，不得發布已掌握之股權資訊，以免造成相關公司股價異常波動之情事。」

整體而言，在法規命令層次，現行規範一方面在重複法律層次要求下，強化併購特別委員會設置與要求組織的制度化，同時也針對併購時資訊流通的問題，就可能的利益衝突與資訊洩漏或不完整所可能造成的股價波動，進行處理。這些事項清楚提醒了董事會在面臨相關企業併

購活動時，應該注意的基本事項。

　　以下，由於台灣針對相關條文在具體案例應用上，法院對於相關條文的解釋仍相對稀少，並有較大的模糊空間，因而為了避免此一相對真空的環境下造成董事行為義務的理解上疏漏，本章將介紹美國法上數個重要案例，希望藉由相關案例的介紹，提供董事在具體個案中之行為指引。

美國法上案例分析一：
被併購公司董事之注意義務（Van Gorkom 案）

董事併購同意程序案例

　　TU公司多年來因事業體龐大，各部門革新困難，因而股價長期低落。公司一直希望能有效解決此困境，但屢經嘗試，並無有效結論。

　　執掌公司CEO位置超過十五年以上的G君，偶然間有機會遇見長期以企業併購為業的P君。雙方以個人身份就收購TU公司交換意見。G君發現P君有意願提出高於市價三成的價格提出收購TU公司，大喜過望，因而在未交付公司內部進一步仔細研究、也未告知公司獨立董事的情況下，即本於公司內部之前本於其他目的研究之公司合理價格的中間值，逕與P君協議。後P君表示該價格可行，惟另外要求大量額外附加條件，其中主要者包括要求公司不得主動另與第三者接洽商談收購事宜、

與相當短的同意時間等。

最後，TU公司在其CEO大力遊說下，董事會在經過簡短審議後，同意此一收購案。TU公司的股東會亦以七成全體股東同意（二成三未出席、其餘反對）的比率，同意P君之收購。然而由於TU公司董事會決議過程過於倉促，以及相關程序有所欠缺，反對股東則以此為由提出股東訴訟，請求以董事決策違反受任人義務與注意義務為由，要求董事會就併購價格與公司股票之公平價格間差額，負損害賠償責任。

本案例係由德拉瓦州最高法院Smith v. Van Gorkom, 488 A.2d 858 (Del. 1985)一案簡化而來。此一例子涉及被收購公司面對收購要約時，董事會所應盡的調查與注意義務。本案重心在於，儘管董事會面對一遠高於股票現行交易價格之要約，且獲得公司經營管理階層之大力支持，但董事做為公司股東之受任人，仍需以最嚴格標準進行其獨立調查與判斷義務。詳言之，此時董事會應使其自身在知情(informed)的情況下，進行相關決定。此一要求並不因為收購方給出優惠價格，或給予非常短的考慮時間，面臨有破局之顧慮而有所打折。同時，其他應踐履的程序（例如比價與尋求第三方出價），也會一樣被法院以嚴格標準予以檢視。

由於併購相關細節，包括詢價、談判、價格拉扯、資訊提供與同意等細緻步驟，其操作上，在台灣並沒有足夠的案例或法院判決可為參考，因而本節以下將就美國德拉瓦州最高法院經典案例Smith v. Van Gorkom案予以介紹。希望透過完整的介紹與分析，能提供我國公司與法院，在面臨類似情況中，一定的指引或借鏡。

一、事實概述

被告Jerome Van Gorkom於Trans Union公司多年擔任董事長及
CEO，該公司主要業務為鐵路車輛租賃業務。整體而言，該公司面臨一
特殊環境：一方面，公司具有相當穩定鐵路車輛租賃業務收入，具有龐
大且穩定之現金收入；但另方面，因鐵路事業不具長期發展潛力，所以
公司股票不受投資人的青睞，價格在市場上長期相對低落。公司在發展
上也面對轉型的困擾，以及原有的租稅抵免將因欠缺夠多的應稅收入，
而逐漸要面臨屆期失效的問題。在多年尋求轉型仍欠缺有效策略的情況
下，公司的董事長兼CEO Jerome Van Gorkom一直為此所苦。

於1980年年中，Van Gorkom在研究過各式可行的方案後，開始思
考出售公司的可能性。經其要求，公司內部以自我槓桿收購方式為前
提，分別試算每股50元與每股60元收購公司的可能性。經內部財務部門
的計算，假如支付每股50元代價，公司當時的現金情況應可以相對輕易
完成；但假如是每股60元，公司會非常吃力或幾乎無法完成。

準此，同年九月，Van Gorkom在未通知公司內部高階主管與董事
會外部董事的情況下，與專門進行企業收購的Jay A. Pritzker會面，後
者表示假如是每股50元，其會有興趣收購Trans Union公司（當時公司
股價約在每股38元上下）。得知對方出價意願後，Van Gorkom一方面
深覺對方出價優渥，急於把握機會，同時也向Jay A. Pritzker繼續喊價，
希望將價格拉至每股55元。然而Van Gorkom此一還價行為與談判，除
公司財務長外，並未尋求其他外部財務專家之意見，也並未即時將對方
意願通知董事會外部董事。最後雙方同意以每股55美金之價格同意併購
案，但此一同意之外，Van Gorkom額外同意了許多條件，例如允許Jay
A. Pritzker在併購公布前以市價買入Trans Union公司股票100萬股、承諾
會於數天的同意時間內回覆、與有限度的開放他人競標（即公司仍可與
可能有併購興趣之另外第三人接觸）的權利等。

該併購案最終獲得董事與股東會的同意。但由於Van Gorkom在相關併購價格判斷上，僅與Trans Union公司之財務長討論，且其內部價格討論，並未就各種不同方式下Trans Union公司之可能價值分別計算。另於董事會中，許多併購交易討論之相關細節，為求時效而僅簡略揭露予其他董事會成員知悉，因而反對股東認為本交易程序上多處有所欠缺，足以認為此商業決定是在違反董事注意義務下達成，因而提起訴訟請求董事賠償。

二、法院見解

經過詳細冗長討論，本件德拉瓦州最高法院認為，Trans Union董事會在開會前與開會中，僅知悉CEO協商出來之併購價格，但相關協商過程，未經過完整授權，同時價格之擬具，也未尋求其他財務專家之意見與評估，是以董事會在未事前知悉完整併購條件並閱讀文件資料的情況下即做出同意合併案之決定，已違反其注意義務，故不受經營判斷法則之保護。

法院在判決中進一步指出，董事之決定，一般而言受到商業判斷法則之保護。經營判斷法則是德拉瓦州公司法第141條a項下基本原則的產物；是為了保障並促進那些被賦予給德拉瓦州董事之管理權力，能獲得完整且自由的行使。該法則本身，「是一項推定，其成立前提需公司董事之行事立於充分資訊的基礎，且屬善意，並確信其所為係考量公司之最佳利益所為，方受此推定保護。」然而，如此一前提有所欠缺，董事自不得援引經營判斷法則之保護，而需受到過失標準之檢驗。本件董事會在未使自身充分知悉併購所需的專家意見下，即過於倉促地通過此一併購案，已違反對股東所負之忠實義務，故無法享有經營判斷法則之保障。

三、分析

本案涉及企業併購時被併購公司董事所應盡的注意義務。法院強調，對於併購要約的接受與否，被併購公司董事會必須立於充分資訊之

基礎上，包括談判過程與出價依據兩方面的資訊，始被認為符合其注意義務。特別在併購價格的判斷上，建議應尋求其他財務專家之意見與評估，並確保其意見形成過程的獨立性與完整性。而不得僅以價格優惠或機會難得，而省略應盡的程序義務。

案例分析二：反併購措施的一般性使用（Unocal 案）

董事併購防禦案例

　　U公司收到公司持股13%的大股東M公司通知，M公司計畫以每股54元收購U公司37%之股票。收購完成後，M公司將成為控制過半數以上股票之股東，對U公司有控制權。

　　U公司經獨立董事組成特別委員會，審視M公司的收購條件，並參考外部顧問的意見後，認為此一收購價格雖然高於現行市價，然考慮景氣循環與公司即將面臨的上升段，此一價格對於U公司股東仍屬不利。且由於M公司聲名不佳，特別委員會擔心U公司其他股東因不會希望成為M公司有絕對控制力下之股東，所以預料會在公開收購階段即踴躍應賣，如此一來，反而有助於M公司順利取得公司過半股權。

　　U公司由於手上持有相當現金，特別委員會因而思考是否可採用反併購措施，以保護公司股東之投資不被掠奪。董事們也擔心假如什麼事都不做，只是單純表示建議股東不應賣，不知道是否可被認為符合其公司法與併購法上所要求的忠誠義務與注意義務？

本件案例係由德拉瓦州最高法院Unocal Corp. v. Mesa Petroleum Co., 493 A.2d 946 (Del. 1985)一案簡化而來。此例涉及被收購公司進行反併購措施的可能性與界線。換言之，當董事會面對非合意併購時，如合理認為該併購將對公司造成損害，是否有權力或義務抵抗該非合意收購？若有，公司以公開收購的方式買回公司股份，並排除意圖非合意收購的股東的參與，是否得享有經營判斷法則之保護？以上兩組問題，即為本案例所主要希望回答之問題。

由於相關問題在台灣相關法律中並沒有足夠案例與法院判決可供參考，因而本節以下將對此一案例進行完整介紹，以期提供我國公司與法院在面臨類似情況中，一定的指引或借鏡。

一、事實概述

Mesa Petroleum Co.（下稱Mesa公司）為持有Unocal Corp.（下稱Unocal公司）13% 股份的股東，其欲透過兩階公開收購方式，收購Unocal公司。兩階段收購中的第一階段，係以現金每股54美元取得Unocal公司過半之已發行股份。Mesa公司同時表明在第一階段取得過半股份後，其將旋即展開第二階段的收購。在第二階段收購中，Mesa公司計畫透過次順位債券(highly subordinated debt securities)——即垃圾債券(junk bond)——方式，以約當每股54美元的次順位債券為對價，合併後銷除Unocal公司剩餘由公眾所持有的股份。

Unocal董事會中多數董事為獨立董事，面對此一收購，董事會聘請了法律顧問與財務專家協助評估Mesa公司該要約，並獲取建議。經討論後，Unocal公司董事會認為Mesa公司收購代價並不相當，並進而決定以公開收購買回公司股份(self-tender offer) 的方式作為防禦，以抵抗Mesa公司試圖以偏低收購價及利用股東不想領債券的心態，進行之公司掠奪。

Unocal董事會所採取防禦措施如下：Unocal董事會宣布，若Mesa公司成功取得Unocal公司51%的股份，則Unocal公司同意將以每股72美金

的價格，舉債買回剩下49%的股份；且如Unocal公司進行每股72美金價格之股份回購，Unocal董事會宣布將排除Mesa公司之持股，亦即Mesa公司將在Unocal公司自我收購交易中被排除。Unocal董事會希望藉由此一措施，提昇公司股東之信心，並減緩股東答應Mesa公司公開收購之速度或意願。

面對Unocal董事會此一決定，Mesa起訴請求法院禁止Unocal公司買回自己的股份。一審德拉瓦州衡平法院認為，Unocal公司選擇性的交換要約(selective exchange offer)並不合法，蓋其對全體股東並未採取公平之態度，因而不受經營判斷法則之保護。對此決定Unocal不服，德拉瓦州最高法院接受了Unocal公司所提之中間上訴(interlocutory appeal)。

二、法院見解

經審理後，德拉瓦最高法院於判決中指出，根據德拉瓦州公司法，公司董事會並非一個被動工具，當公司在面對根本性變動，諸如修改章程、併購、出賣資產及解散等時，皆要求董事積極參與。同理，董事會在處理收購要約時，有義務去判斷該要約是否能為公司及股東謀求最大福利。

法院進一步討論，由於董事的忠實義務要求董事為股東謀求最大福利，因而，其內容自然也包括了保護公司及其所有人，免於源自第三人或其他股東的傷害。但法院進一步論述，因為董事會所採取的反應或行動，也有可能係為一己之私，而最終違反公司及股東之權益，因而衡平法上此時對董事的行為，要求司法於適用經營判斷法則之前，進行額外審查。詳言之，此時如欲受經營判斷法則之保護，董事必須證明其有合理的基礎，確信有危害公司長期發展政策之風險存在。換言之，當董事展現善意與合理調查後，如能證明其相信併購已構成對股東利益之重大侵害時，即得發動合乎比例反併購措施，以保障股東之權益。

實際操作上，實行反併購措施之董事會，需承擔舉證責任，證明上開善意，其所為之合理調查、與決定之合理基礎。法院並接著說明，

當「董事會大部分為外部獨立董事、並有善盡前述的義務的情況下,該證明之效力將大幅地加強。」

緊接著,法院進一步指出,當公司希望透過防禦措施對抗併購所造成之威脅時,其防禦措施仍有比例原則之要求。亦即,其對抗非合意併購之防禦措施,必須係出於對公司及股東的善意,且「不得有任何詐欺或違法之情事」。換言之,防禦措施如欲享有經營判斷法則之保護,實體上必須與威脅有合理的比例關係。此將要求董事說明原收購要約所造成的破壞或掠奪、以及公司在施行反併購措施時所付出的代價。

套用至本件情況,法院認為本件選擇性股份買回(selective stock repurchase),並非出於董事會鞏固自身經營或控制權之動機而為,性質上應屬一正當之反併購防禦措施。準此,當公司採用防禦措施,德拉瓦州法對於引起該威脅的股東,自然無法提供同等利益之保證。最後在核對事實後,德拉瓦州最高法院認為Unocal董事會係合理善意相信Mesa公司的收購已不當脅迫公司其他股東之利益,如允許Mesa公司參與該自我收購,將使此防禦機制喪失其有效性,因此法院認為Unocal公司所採取的防禦措施係屬合理,而享有經營判斷法則之保護。

三、分析

由於德拉瓦州公司法為美國多數公開發行公司所選擇之準據公司法,因而本案即成為美國法上關於被併購公司採用反併購措施或防禦措施時,法院檢視標準的指標案件。其標準至今仍廣泛沿用。

本案所建立的判斷標準有二(後被通稱為Unocal Test):第一為合理性標準(reasonableness test),具體內容上,被併購公司董事會必須證明其具備合理理由,相信該併購對公司長期發展政策構成危險,因而為公司整體股東的利益著想,須進行反併購措施以保障股東長期利益。第二為比例性標準(proportionality test),被併購公司董事會必須證明其所採取的行動或措施,相對於該併購所造成的威脅間,成本效用上具備一定的比例性,因而具備「合乎比例關係」之要求,其防禦措施始得獲得

法院之同意，而認為其行使符合公司董事之受任人義務（包括注意義務與忠誠義務）。

案例分析三：
反併購措施的界線（Revlon 案）

董事併購防禦義務轉換案例

　　P公司的董事長兼執行長與R公司的董事長兼執行長碰面，雙方原本希望討論P公司是否可能在合意情況下收購R公司。然而，當前者提出希望以每股40到50元的價格收購R公司的股票時，引發R公司執行長勃然大怒，認為此一出價過低而具侮辱性，同時導致R公司執行長對P公司執行長個人產生強烈惡感。

　　在談判不成情況下，P公司董事會授權其執行長以每股42元至45元的價格，對R公司進行股票收購。得知上情後，R 公司董事會委由專業投資銀行進行評估，後者認為公司股票價格遠超過45元，其並進一步分析：如在時間不急與分拆公司的前提下，公司每股股價應該在60至70元；但假如公司不能分拆而要整體出售，則合理的每股價格應該是在55元附近。在P公司特別顧問建議下，P公司一方面開始對自己公司股份進行買回，同時也採用了毒藥丸（即附條件大量股利發放。條件通常是於某收購方在未經公司董事會同意之前，即取得一定數量的股票，當條件被觸動引發時，公司將會發放大量的股利給惡意

收購股東之外的所有股東，以確保這些人的權益不會被過低的收購價所剝削，並進而嚇阻收購者）的防禦措施。

雙方隨後進入多次僵持，並競相提高收購價與防禦手段的強度。之後，R公司決定授權管理階層去接觸其他可能的買家。經過接洽與努力，F公司展現興趣，並提出報價，但其價格仍略低於P。此時，情況轉變成R公司對於一方的收購者（P公司）採取高度抗拒的態度，對其要約仍堅持使用毒藥丸；但對於其屬意的F公司，儘管其最終出價略低於P公司，但R公司的經理階層與董事會因認為F公司會比較願意保全公司的完整性、並照顧其員工，則願意取消毒藥丸，並鼓勵股東接受F公司的收購。

此時，P公司認為R公司的董事會，由於拒絕較高的出價，已忽略其公司股東的利益，因而認為R公司董事會已違反其受任人義務。但R公司則以防衛公司整體（包括員工）的利益為其受託人責任中之一部，因而其行為並無違法，而認應受到法院的尊重。雙方因而進入法律訴訟程序。

本件案例係由德拉瓦州最高法院1986年Revlon, Inc. v. MacAndrews & Forbes Holdings, Inc., 506 A.2d 173 (Del. 1986)一案簡化而來。此一例子涉及被收購公司，在進行反併購措施與多方競逐時適當的行為界線。換言之，當董事會面對非合意併購時，如引進第三方買家（常通稱白衣騎士），其相關行為可否展示偏好、以及法院對之的審查標準為何等相關問題。

　　由於第三方的引入或偏好，在台灣的案件中（如矽品-日月光案）常與一般反併購措施經常同時出現或混用，但其審查標準一直不夠清楚。在美國法中，由Revlon案後，法院清楚認定兩者屬於不同類型的案件，法院對其處理與適用的判斷標準也不相同。因而，其相關差異分析，應可為台灣法院判斷上的參考，因而本節以下將對此一案例進行完整介紹，以期提供我國公司與法院在面臨類似情況中，一定的指引或借鏡。

一、事實概述

　　Pantry Pride公司CEO Ronald Perelman意圖收購Revlon公司，出價為每股42至45元，並表達如被收購方不同意合意收購，將會考慮採用非合意方式進行。但Revlon公司董事會由於憂心相關收購將會導致公司最後被拆解分售導致公司分崩離析或結束，因而拒絕此一提議。

　　但由於擔心在非合意收購價格優於市價的情況下，公司股東會因為Pantry Pride公司的高價而將股票賣給Ronald Perelman，導致公司經營權易手，Revlon公司旋即發動了類似傳統毒藥丸的「債券買入權利計畫(Note Purchase Rights Plan)」，給予股東在非合意收購且一定門檻被跨越時、得以低價向公司購入債券的權利，藉以嚇阻非經董事會同意的收購行為。

　　隨後，Pantry Pride公司發動對Revlon公司的股份現金收購，但Revlon公司董事會拒絕贖回其權利計畫，甚至Revlon公司也同時向股東發動股份回購計畫(repurchase program)，回購1000萬股股票。值此同時，Pantry Pride公司又再度提高收購價格，試圖在Revlon公司的阻擋下強力完成收購。

　　面對Pantry Pride公司的進逼，Revlon公司董事會開始接觸第三方買家，試圖將公司出售給第三方買家，以解決無力繼續抵抗Pantry Pride公司收購壓力的問題。第三方買家最後與Revlon公司達成合意，願意以每股56美元出售Revlon公司。

得知此消息之後，Pantry Pride公司旋即回應其願意以高出第三方買家的價格進行收購。在此壓力下，第三方買家由於擔心捲入競價，要求Revlon公司在附帶大量限制與不利於Revlon公司的條件下，以每股57.25美元的價格確定此交易，並獲同意。面對此情況，Pantry Pride公司向法院申請禁制令(temporary restraining order)，認為Revlon公司董事會同意上開不利交易條件已違反其受任人義務。並同時公布其願意以每股58元的對價，收購Revlon公司之股票。

二、爭點

公司董事會是否得以其他公司構成員利益為由，拒絕具備較高金錢價值的競爭要約？董事會另行接洽第三方進行對抗性收購的界線為何？衡量複數收購要約時，董事會決定權限需受到調整嗎？

三、法院見解

德拉瓦州最高法院認為，依據Unocal v. Mesa Petroleum案的判斷標準，本件Revlon公司初階段所採取的防禦措施，包括權利計畫等，由於其保有計畫之撤回權，故可認為係以合理且符合比例方式進行；同時，此一防禦措施，確實也得到了更高收購價的有利結果。

然而法院認為，當Revlon公司與第三方買家進行收購協商時，此時由於公司的分拆或出售已成定局，是以此時董事的職責，將由「保存公司完整以避免公司被過低出價的收購方掠奪」，變成「確保公司股東能在金錢利益上獲得最大滿足」。

此一新的義務，是因為在公司勢必出售情況下，原公司目的或政策將難以維繫，是以此時董事的任務將發生轉變，變得更為狹窄，而僅為股東利益負責。是以，此時公司董事的任務，將變成類似拍賣官的角色，即在於找出或引誘出更高的出價；然而本件Revlon董事會所答應的限制型條件，僅從第三方取得相對微小獲利，但代價卻是中斷此一追尋最高價的可能，整體而言，無助於達到股東利益最大化。是以法院最終

認為Revlon董事會已違背其應盡之受任人義務,而為不利於Revlon董事會之判決。

四、判決簡評

本案要求當公司面臨被併購威脅時,預計被併購公司的董事會在確定公司原經營階層最終將會喪失管理權限,公司勢必出售的情況下,其受任人義務將要求其只能接受最高出價的收購方,而不得以非關出價的其他考慮選擇其他的收購者。此即所通稱之Revlon duty。

值得注意,本件法院清楚指出,由於公司分拆或換手後,其原有的公司長期發展政策或可能性,也都將隨著付諸流水,且公司收購後所進行的組織調整,顯然也在經濟上無法確認或避免,因而此時董事會的義務,將收縮至僅追求股東金錢價格利益的最大化,除此之外的考量,將都會被認為是董事個人的偏好,而不應該是公司整體決策之依據。

案例分析四:
控制股東的淨化機制(**Kahn v. M & F Worldwide 案**)

關係人併購之審查與淨化案例

A公司為持有B公司43%股份之控制股東,經過A公司仔細思考後,於2011年6月10日,正式向B公司董事會提出收購要約,決定以當天公司公開交易價格另加約50%之溢價,向B公司提出收購要約。(當天收盤價每股$16.96元,A所提的收購價為每股24元)。

　　然而由於擔心此一收購，會因為兩間公司雙方有控制從屬關係，被認為屬關係人交易，而於交易被股東挑戰時，遭受法院嚴格審視，並拖累整體收購進度，A公司因而要求相關要約必須在以下兩個前提下進行：(1)此一要約，需經被收購公司有完整授權、且無利益衝突的獨立董事所組成特別委員會(special committee)的審慎調查與同意；且此一要約另需經(2)獲取充分鑑價資訊、且未被強迫的少數股東過半同意後，此一交易方始生效。

　　此一交易後經過B公司完成前述兩個程序。首先，該要約獲得B公司特別委員會同意與推薦；之後的股東會也獲得A公司以外B公司全體65.4%股東同意通過。然而少數反對交易的股東，由於強迫被逐出，認此一交易中B公司董事違反了公司法上受任人義務，因而向法院主張禁止其交易。此時，法院所面臨的問題是，當控制股東與被控制公司間產生併購行為，如經由 (1)完整授權的、盡合理適當注意義務的獨立委員會(special committee)的核准；及(2)已被告知、未被強迫的少數股東多數決同意而決定合併，此時受任人義務的審查標準， 是否適用經營判斷法則(Business Judgment Rule, BJR)？抑或適用原先較為嚴格之整體公平原則(entire fairness standard)？

　　本案例係由德拉瓦州最高法院2014年Kahn v. M & F Worldwide Corp., 88 A.3d 635 (Del. 2014)一案整理而來。此一例子涉及控制股東收買其持股公司，並將原有少數股東逐出的情形。此類案件，一方面涉及控制公司與被控制公司間之併購交易，儘管雙方係屬合意收購，但因一方係處於被控制狀態，因而其合意是否出於單純合理判斷，顯有疑問；另方面如這樣的交易能經過淨化機制，例如無利益關係的董事會批准、

或是除了控制股東之外的股東過半數同意，是否真的能因此而獲得法院較為寬鬆的檢視，則成為本件雙方爭議的重心。

由於與控制股東交易，在台灣一向是經常出現且具高度爭議的問題，因而此一案例的分析，將有助於台灣理解美國德拉瓦州公司法上對於類似問題的處理方式與思考邏輯。在該案中，德拉瓦最高法院在考量整體企業環境與相關輔助機制後，認為雙重淨化機制如在沒有任何資訊不足或惡意的情況下，應可以使法院相信相關公司決定係屬正常經深思熟慮的判斷，而獲得法院適用較寬鬆之經營判斷法則之尊重。

此一分析，有相當部分可為台灣法院判斷上的參考。因而本節以下將對此一案例進行完整介紹，以期提供我國公司與法院在面臨類似情況中，一定的指引或借鏡。

一、事實

本件上訴人為M&F Worldwide Corp.（簡稱MFW）的少數股東，被上訴人為MFW董事等13人與MFW之控制股東MacAndrews & Forbes Holdings, Inc.（以下簡稱M&F）。M&F擁有MFW43.4%的股權。2011年6月，M&F提議收購MFW剩餘之全部股權，收購完成後計畫將之轉為非公開發行公司。

M&F為了使MFW 的董事會能履行其對該公司少數股東之受任人義務(fiduciary duty)，對其發動之收購設定了兩個保護股東的條件。1、M&F的收購條件，需通過MFW由獨立董事組成的特別委員會的同意；2、該收購案需要通過MFW中無利害關係之(unaffiliated)的股東中，過半數的同意。

嗣後MFW公司組成了特別委員會，該委員會聘請了獨立的律師及財務顧問團隊對收購進行評估。該委員會亦獲授權，得獨立與M&F協商併購條件，並於交易無法為公司帶來最大利益時，有拒絕之權力。

最終該併購案經過MFW公司特別委員會同意；並在2011年12月時，獲得M&F以外之65.4%的股東同意通過。

上訴人為該次同意中表示反對之股東，其認為M&F的Ronald O. Perelman（MFW的chairman，M&F的chairman兼CEO）跟MFW的董事（包括特別委員會的成員）違反受任人義務，因而提起訴訟。

二、法院見解

德拉瓦州最高法院在本案中認為，當併購發生於控制股東與其子公司之間，如自始即使用獨立且經授權之特別委員會、同時其在符合注意義務下做出同意決定，並加上少數股東的多數決(majority-of-the-minority)同意時，在兩項保護少數股東的機制併用下，違反忠實義務的審查標準就不再是倒置舉證責任後的整體公平標準，而可適用較為寬鬆的經營判斷法則。

在審查的細部內容中，法院提出了六個審查重點。亦即：1. 該交易須由特別委員會及少數股東同意；2. 特別委員會具獨立性；3. 特別委員會有獨立權限聘請自己的顧問，並進行最終決定；4. 特別委員會於討論價格時，有盡其注意義務；5. 少數股東已受充分告知；6. 在併購交易中，控制股東並無脅迫少數股東之情事。本於這些審查重點，法院認為本件被告董事於相關決定時，已經符合上開內容，故應適用寬鬆的經營判斷法則，而無法認為有受任人義務之違反。

三、判決簡評

本案為控制股東進行下市收購時審查標準的問題。關係人收購（或者說控制股東會被控制公司的完整收購）一向是併購法中相當棘手的區塊。一方面，收購方不太可能與被收購方完全沒有之前的投資關係，因而在收購過程中，經常已經建立起一定的部位，甚至取得幾席董事席次，但這些關係，是否使得被併購方在決策中一定有所偏袒？對小股東而言，就會成為難以排除的疑慮。此種情況不僅是合意收購中法院

需要審慎檢視的一塊，同時在台灣也是常出現或面對之問題。

在經過從Khan v. Lynch一案以降的加強審查，本件德拉瓦州最高法院重新審視在現代股東溝通更為方便、資訊相對充分、且利益衝突隔離措施意識均有強化的現代環境下，所該有的審視標準。本件德拉瓦州最高法院認為，如控制股東已經進行雙重保障程序，在程序乾淨的前提下，因對少數股東已大幅減少構成侵害的疑慮，故應適用較為寬鬆的「經營判斷法則」標準予以審查。當然，其附帶的各式樣前提，也是台灣在參考甚至引進前，應一併同時注意的。

參、結論與建議

在本章中，我們以董事在面對併購活動時，所應盡的審查義務為主題，進行相關法規與個案介紹。值得注意的，台灣由於商業法院制度才剛上路，相關訴訟個案經驗仍屬欠缺，因而在具體審查的經驗學習上，勢必會需要大量參考外國法的經驗。而其中美國法的案件，由於數量與經驗上累積的優勢，自然會成為主要的參考對象。

本章挑選了美國四個關於企業併購的經典案例。內容上，我們由傳統併購中董事受託人注意義務出發，討論Van Gorkom一案。而Unocal及Revlon二案，則是奠定美國法上對於併購案件與防禦行為相關審查的基準案件，具有歷久彌新的意義。至於MFW案，則是近年相當重要的案件，對控制股東發動的收購，提供了完整審查標準的介紹，同時也呈現了法院所推薦的最佳治理的實務，值得對此問題有興趣的讀者留心注意。

整體從思考上看，可以理解企業在面對併購威脅時，經常需要考量股東的利益，同時也難以避免會去考量公司存續和員工或原有生產關係的穩定。但當被收購公司面臨長期股價低迷、或經營困難時，如何對應此種外來的變化，對於被併購方的公司經營階層而言，就會呈現相當

程度的挑戰。實際上面對併購挑戰時，被併購方董事在美國法上一個常見用以拒絕併購要約的理由，是收購要約無法充分反應公司的價值。然而如同美國法院多次明白表示，當被併購公司以此為由主張要拒絕收購時，有相當的可能該董事會只是為了維持自己繼續經營的利益，而並非真以股東利益為出發所為此決定。是以，當面對此類有潛在利益衝突的情形時，法院必須同時考量「有益股東的反收購措施」與「董事會只是為了自己利益所為的反併購措施」，兩者均存在的可能性，並區分給予不同的待遇。

由於公司在面對併購威脅時所採取對應措施的兩面性，所以法院經常必須由具體個案中各當事人的行為細節，去判斷何種才是個案中所真實呈現出來的情形。因而在此種加強審查標準的主軸下（Unocal標準），法院另開發出不同的子類型或義務：其中包括董事本身應有的注意義務（Van Gorkom案）；Revlon案出售公司情況下的喪失裁量權。最後在MFW案中，法院也考量控制者自願採用較高標準，因而給予較為寬鬆的審查標準，以回應其採用無利益衝突下、較能反應股東意願的企業決定方式。此類針對各種併購情境下，更細緻的判斷與區分，對於相對欠缺法院處理經驗的台灣，都是具有高度價值的借鏡與學習對象。

本章相關案例的挑選，主要係回應台灣近年企業併購或經營權爭奪情況頻傳，然而在具體案型中如何區分，特別是司法判決上，對於類似情況應該採取何種態度，仍有待本地逐步形成統一而穩定的觀點之現實。本於美國法院實務上的豐富經驗做為研究對象，本章希望透過基礎案例的介紹，提供台灣司法於類似情況在處理或取捨上一定的參考，並提醒相關參與併購活動公司與負責公司決策之董事會，能注意各面向的相關利益考慮，並以高標準與最佳實務的觀點，進行相關活動。

實務專家評論－《企業併購與董事責任》

羅名威

眾達國際法律事務所 合夥律師

一、林建中教授在本章清楚說明了董事面對併購事件時，應有的基本
心態與認知。並區分身為買方或賣方董事時，依現行法令所應承
擔之任務。林教授並點出「利益衝突」是董事會在處理併購時特
別需注意之點。

除了詳細列出我國相關法規外，林教授分析了四個美國案例，以
補足我國在法規與司法實務見解的不足，並給我國董事們提供參
考與指引。

二、第一個美國案例是論及被併購方董事義務之Van Gorkom案，法院
在本案指出，被併購方的董事會應基於充足的資訊，包括對於談
判過程以及出價計算基礎的理解，在欠缺資訊下即作判斷，則董
事不受經營判斷法則的保護。這個案例如果放到我國實務來看有
其意義，我國商業法院於110年7月1日正式上路，而商業事件審理
法施行細則第37條第二款明定以「有無充分資訊為基礎供其為判
斷」，認定公司負責人是否忠實執行業務並盡善良管理人注意義
務。本案例即可作為適用本條的參考，以判斷董事會應取得何種
資訊才算是充足的資訊。

三、第二個案例談到反併購措施合理性，在Unocal案中，法院建立了
「合理性」以及「比例性」二項標準，判斷董事會之反併購措施
是否符合受任人義務。此一案例放在台灣近年重大的公司經營權
保衛戰中觀察特別有參考價值。例如某家電公司在採取反併購措
施時，一再以「反中資」、「國家安全」等為反併購之依據之一
是否合理，即可參考本案例之法理加以審查；而依媒體事後報

導，該公司為反制併購竟支付公關公司數億元以影響社會輿論，是否合乎「比例性」原則，亦有探討空間。Unocal案件不啻提供一明確方向，供我國實務日後借鏡。

四、至於反併購措施中，引入第三方即白衣騎士時之應注意事項，如Revlon案中，第三方的出現使原買家的出價提高，這在近年台灣實務上亦有日月光因鴻海的出現，提高對矽品的公開收購價格，以及台灣日立提高對永大機電的收購價格，我國這些案例符合最終亦因第三方出現使股東在股價上得到更多的滿足，日後倘被併購方不顧原買方已提出最高價，而執意出售予第三方時，本案即可作為參考指引。

五、最後在Kahn v. M & F Worldwide案，討論將少數股東逐出公司的審查標準，為了保護具控制權股東在收購公司時不致侵害小股東的權利，美國法院建立了雙重保障程序，在獨立董事組成的特別委員會同意及少數股東多數決之下，可用寬鬆的經營判斷法則加以審查。而在台灣實務上，小股東較欠缺權利意識更因長期仰賴投保中心事後提告，並偏重於事後求償，而缺乏事前監督，本案例的審查標準提供台灣的小股東面對公司大股東與公司交易時，可主張權利的一個方向。

六、結論

林教授專論為董事及股東在面對併購時提供明確指引，本文除表贊同外，也期盼我國司法實務與學界日後能進一步討論獨立董事在個案中發揮的角色，尤其我國目前公司治理的方向是朝增加獨立董事席次及職權方向發展，但我國獨立董事因為大股東所推舉支持，尚未充分發揮監督之職責，未來如何扮演好平衡股東間利益，並追求公司最大利益的雙重角色，值得進一步思考與探討。

—— 第八章 ——

董事財報不實之民事責任

朱德芳

國立政治大學法學院教授

公司弊端求償逾80億元 64位獨董恐難脫身

自由時報記者錢利忠／專題報導 2020/12/13
https://ec.ltn.com.tw/article/paper/1418749

　　根據投保中心最新統計，截至2021年12月為止，投保中心進行中的團體訴訟案件（包括財報不實、公開說明書不實、內線交易、操縱股價等）共計88件，其中63件涉及財報不實。這63件中，投保中心求償金額超過新台幣十億元的計有九件，金額最高的三件為：太電76億元，約有2.5萬名投資人授權投保中心提告，博達45億元，約有1萬名投資人授權投保中心，此外，2021年爆發的康友-KY之求償金額亦高達54億元，計有近5000名投資人授權投保中心提告。

　　證券交易法規定，董事就財報不實應負推定過失責任，也因此，實務運作中，未共同謀議編製不實財報之董事（包括獨立董事），亦可能因為不能證明自己於審議財報時已盡義務而負擔民事賠償責任。前述涉及財報不實的63件案件中，就有27件將獨立董事列為被告。審閱財報責任是董事之法定責任，也是董事執行職務的高風險區，董事於審閱財報時應小心謹慎為宜。

壹、前言

公開發行公司之財報若有不實，依照證券交易法的規定，包括獨立董事在內之公司負責人等相關人士，可能要負擔相應的刑事責任與民事責任。一般來說，檢察官通常不會輕易追訴董事財務報告不實之刑事責任，除非董事明知且參與不實財報之編製。但從投資人民事求償角度而言，若財報之主要內容有虛偽或隱匿之情事，董事除非能向法院證明自己就財報之審議已盡相當注意，且有正當理由可合理確信其內容無虛偽隱匿之情事，否則依法應負損害賠償責任，這就是證券交易法為保護證券市場的投資人，進一步加重董事於財報審議上之「推定過失責任」。董事在審議財報時，要做到哪些事情才能符合證券交易法規定之「已盡相當注意，且有正當理由可合理確信其內容無虛偽隱匿之情事」，從而免負賠償責任？這是董事執行職務時，不可不注意的重點。

本部分將探討以下重要問題：

一、公司財報是否應由董事會編製？還是可以授權經理人編製？若授權經理人編製，則財報不實時，董事是否要負責？

二、季報若未經董事會決議，而只是至董事會進行報告，董事是否仍應對不實季報負責？

三、董事未參加審閱財報的該次會議，董事是否仍應對不實財報負責？

四、董事能否以其未經手公司日常會計事務、未參與財報之編製，主張其不需對不實財報負責？

五、財報是否經會計師查核簽證且出具無保留意見，董事就沒有責任了？

六、董事若於董事會決議時對於財報持反對或保留意見，並向主管機
　　關檢舉或通報，是否已盡義務？

七、董事發言支持查弊，是否已盡義務？

八、若有異常情況，董事應如何作為始符合其義務？

九、法院於認定董事應負之責任比例時，衡量因素為何？

十、董事於審議財報時，宜注意哪些事情，才能降低被究責之風險？

貳、基本概念說明

問題一：

公司財報是否應由董事會編製？或者可授權經理人編製？若可授權經理人編製，則財報不實時，董事是否要負責？

我國公司法規定，董事會應編造包括財務報表在內之相關表冊，送交監察人查核，並送股東會承認（公司法第 228、110 條）。但實務運作中，很難想像從分錄、過帳、試算、調整、結帳到編表等一系列過程，均由董事或董事會執行。我國商業會計法也規定，「商業會計事務之處理，應置會計人員辦理之；主辦會計人員之任免，在股份有限公司，應經董事會決議同意。（商業會計法第 5 條）」。此外，考量到小規模商業所聘任之會計事務人員可能無足夠的能力，商業會計法亦規定「商業會計事務之處理，得委由會計師處理之」，公開發行等大型公司自然宜聘任可以處理該公司會計事務之人員，近年來，金融監督管理委員會也十分關注上市櫃公司是否提升其財報編製能力[1]。

由此可知，公司法雖規定董事會應編製財報，但不表示董事會一定要自己編製財報，其可授權經理階層編製，但這不表示董事對於財報之編製不需負責。我國法院認為[2]，「董事會固得透過授權機制，將業務執行權限授權予經營階層，以建立合法而有效率之業務運作模式，經營階層之權限範圍既係源自於董事會之授權，董事會自不得以業務執行權限下放為由，完全免除對於業務執行應負之責任，仍應對於被授權者善盡監督之責，始

1　金管會提醒上市（櫃）公司應提升財務報告編製能力，以及時因應「公司治理藍圖 3.0」所定自結財務資訊之公告時程，https://www.fsc.gov.tw/ch/home.jsp?id=96&parentpath=0,2&mcustomize=news_view.jsp&dataserno=202101210002&toolsflag=Y&dtable=News，瀏覽日期 2021 年 8 月 29 日。

2　協和案，參見臺灣士林地方法院 95 年金字第 19 號民事判決。

謂已履行善良管理人注意義務。因此，董事依公司法有執行業務之職權，縱得將業務之決策或執行工作授權予經營階層，或得主張善意信賴員工、專業人員提出之資訊，仍不能解免對被授權者之監督責任，以及應盡之忠實義務及善良管理人注意義務。」該法院進一步認為，「身為發行公司之董事及監察人均應積極履行其實質之內部監控義務，而非淪為橡皮圖章僅就公司會計人員依內部表冊製作之財務報表進行形式之核認而通過相關議案，甚至主張不知情、無相關智識理解財務報告、未實際參與經營、未參與董事會決議或公司有委任會計師查核等情形，即推卸法定之內部監控義務，否則即有怠於履行董事、監察人義務之情形。」

　　總結來說，董事會雖可授權經營階層編製財報，但董監事均應積極履行其實質之內部監控義務。

問題二：

公開發行公司財報內部編製、審議，以及外部審計流程為何？

　　依證券交易法之規定（第 36 條），年報應「於每會計年度終了後三個月內，公告並申報由董事長、經理人及會計主管簽名或蓋章，並經會計師查核簽證、董事會通過及監察人承認」；季報應「於每會計年度第一季、第二季及第三季終了後四十五日內，公告並申報由董事長、經理人及會計主管簽名或蓋章，並經會計師核閱及提報董事會」。

　　財報經財會部門編製完畢後到公告並申報，以及送股東會承認，要經過哪些程序呢？是不是就是依照前述證交法條文所示之「由董事長、經理人及會計主管簽名或蓋章，並經會計師查核簽證、董事會通過及監察人承認」的流程呢？

　　對此，我國法院明白表示，財報係董事會編造後，再由會計師依法辦理查核簽證。

實務案例一：邰港案[3]

　　法院認為，「**財報係董事會編造後，再由會計師依法辦理查核簽證**，審查該財務報表是否根據公認會計準則編製，且會計師受限於外部人身分，亦無主管機關或檢警人員之實質調查權，僅能於事後依據書面文件（各類帳冊、傳票、原始憑證、日記簿等）查核財務報表各科目、沖銷、數額、計算是否正確，折舊、耐用年限、攤銷期間、攤銷方法、殘值之估計是否合於會計準則，各項收入、資產、成本、費用、負債之分類、評估、會計處理是否正確、適當等」。法院進一步說明簽證會計師「與董事身為內部人，得藉由實質之參與、觀察公司營運，知悉、明瞭公司是否確有偽造技術授權契約或虛增不動產買賣契約價金之不法情事有所不同，且上述情事均非董事無從參與、判斷、過問之事項，董事豈可倒果為因，反指財報嗣後經會計師查核、出具無保留意見之查核報告而主張其信賴會計師之專業而得解免責任。」

　　總結來說，法院認為財報編製與審議、審計程序應遵循由內而外之流程：財會部門編製完畢後，先送審計委員會與董事會，再送會計師查核，會計師若認為公司所編製之財報符合公認會計原則，則應出具無保留意見；若認為未能符合公認會計原則，則應向審計委員會或董事會說明，若公司同意會計師意見，則在調整財報後，送董事會審議後再送會計師查核，若

3　邰港案，臺灣高等法院 103 年金上字第 4 號民事判決。

無問題，會計師應出具無保留意見，若會計師向審計委員會或董事會說明財報與公認會計原則有不一致之處，但公司不願意調整，則會計師應就具體情況，決定出具保留意見、否定意見，或者無法表示意見。

前述法院看法與我國實務操作有不小的差距。實務運作中，公司經常會簡化流程，財會部門編製完成後，往往先送會計師查核，再送審計委員會與董事會，財報送董事會審議時，董事已經看到會計師查核簽證之結果，以至於有不少董事認為：財報只要經會計師查核並出具無保留意見，董事就沒有責任了，若財報有問題，那也是會計師沒有查出來，會計師要負責，不是董事的責任。然而，依照目前多數法院的見解為，董事與會計師的責任內外有別，董事對於財報審閱之責任，無法因會計師查核而免除。

也有極少數判決認為，財報依法經國內知名大型會計師事務所簽證，董事自有正當理由確信其為真。

實務案例二：康富案[4]

一審法院認為「財報經會計師簽註無保留意見，董事若非財會專業，即屬有正當理由確信其主要內容無虛偽、隱匿情事。……該等財報皆依法經國內知名大型會計師事務所簽證，被告董事甲○自有正當理由確信其為真，且在專業會計師均 未能發現財務報告有何虛偽不實之情形下，被告甲○既非屬會計專業人員，依其學識經歷要求伊超越會計師專業人員之能力，

4　康富案，臺灣台中地方法院 103 年度金字第 31 號民事判決，臺灣高等法院臺中分院 108 年度金上字第 4 號判決。

發現康富公司之財報有不實之情形，其顯屬期待不可能，被告甲〇顯已盡相當之注意義務。」

二審法院認為「董監事不具檢調單位之調查權限，實難查知不實過水交易等行為，對於有單據憑證之交易，於編製、審核財報時，應有正當理由確信財報內容無虛偽隱匿情事。」

本案一、二審法院判決似乎與過往法院見解有所不同，據了解，投保中心就本案上訴中，後續如何有待進一步關注。

問題三：

公司董事是否宜具備閱讀財報之基本能力？

我國法律並未要求每一位董事都應具備閱讀財報之基本能力，證交法僅規定公開發行公司設置審計委員會者，審計委員會應由全體獨立董事組成，且「至少一人應具備會計或財務專長（第 14 條之 4）」。

比較外國立法例，紐約證交所要求於該交易所上市之公司，其審計委員會成員應具備基本的財會知識 (financial literacy)[5]，那斯達克交易所亦有相同之規定[6]。

考量審議財報是董事會重要的職責，中華公司治理協會出版的「審計委員會參考指引」建議，審計委員會成員應普遍具有執行其核心職務所必

5　NYSE Listed Company Manual, 303A.07 Audit Committee Additional Requirements. (a) The audit committee must have a minimum of three members. All audit committee members must satisfy the requirements for independence set out in Section 303A.02 and, in the absence of an applicable exemption, Rule 10A-3(b)(1). Commentary: Each member of the audit committee must be financially literate, as such qualification is interpreted by the listed company's board in its business judgment, or must become financially literate within a reasonable period of time after his or her appointment to the audit committee. In addition, at least one member of the audit committee must have accounting or related financial management expertise, as the listed company's board interprets such qualification in its business judgment. While the Exchange does not require that a listed company's audit committee include a person who satisfies the definition of audit committee financial expert set out in Item 407(d)(5)(ii) of Regulation S-K, a board may presume that such a person has accounting or related financial management expertise.

6　The NASDAQ Stock Market LLC Rules, IM-5605-3(2). Audit Committee Composition. (A) Each Company must have, and certify that it has and will continue to have, an audit committee of at least three members, each of whom must: (i) be an Independent Director as defined under Rule 5605(a)(2); (ii) meet the criteria for independence set forth in Rule 10A-3(b)(1) under the Act (subject to the exemptions provided in Rule 10A-3(c) under the Act); (iii) not have participated in the preparation of the financial statements of the Company or any current subsidiary of the Company at any time during the past three years; and (iv) be able to read and understand fundamental financial statements, including a Company's balance sheet, income statement, and cash flow statement. Additionally, each Company must certify that it has, and will continue to have, at least one member of the audit committee who has past employment experience in finance or accounting, requisite professional certification in accounting, or any other comparable experience or background which results in the individual's financial sophistication, including being or having been a chief executive officer, chief financial officer or other senior officer with financial oversight responsibilities.

須具備之知識、技能及素養。審計委員會整體宜具備以下全部或部分能力、專長或經驗：

- 理解財務報告之能力。

- 理解與評估所採用之會計原則之能力。

- 對於管理階層就公司財務報告編製與會計師就查核事項之說明，能提出適當的詢問。

- 理解涉及公司營運之內部控制及風險因素之能力，包括產業、新興科技、衍生性金融商品等。

- 曾擔任一定規模事業體之執行長、財務長或其他監督財務之高階管理職務的經驗。

- 具有會計或財務之學歷或專業資格。

- 具有財務管理、財務報告或會計等相關領域之工作經驗。

對個別董事而言，若僅有財會知識，但對公司與產業沒有足夠的了解，也不容易僅從財報上的數字中看出問題。財報是公司經營成果的展現，董事必須持續強化自身對於公司情況與產業發展趨勢的關注與敏感度，這樣才能降低執行業務之風險。

問題四：

審計委員會/董事會執行哪些職務，與強化財報品質之監督有密切關係？

審議財報是審計委員會與董事會重要職責之一，也是董事執行職務最容易發生法律責任的事項之一。財報是公司經營成果之展現，董事除了於審議財報時，要仔細閱讀並適當提問外，還可藉由執行以下職務，強化對於財報品質之監督：

- 審慎選任公司財會主管、內部稽核主管與簽證會計師。

- 確保公司財會部門與內稽部門有足夠的資源與專業以妥適執行相關職務。

- 審慎審閱內稽部門提報之年度稽核計畫、稽核報告以及內部控制聲明書。

關於審計委員會 / 董事會如何執行上述職務，例如選任公司財會主管、內部稽核主管與簽證會計師要注意什麼，如何審閱年度稽核計畫以及稽核報告、審計委員會 / 董事會通過內部控制聲明書代表什麼意義等，又審閱財報時應注意哪些事項等，請參見中華公司治理協會出版的「審計委員會參考指引」。

此外，近年來金管會也很重視會計師查核簽證財報之品質，金管會於 2020 年 8 月份發布之「公司治理 3.0」即強調推動審計品質指標（AQIs）之重要性，並鼓勵上市櫃公司審計委員會評估更換會計師事務所時，可參考事務所提供之 AQIs 資訊。金管會並於日前發布我國 AQIs 揭露架構及範本[7]，未來董事在選解任簽證會計師即應注意相關資訊。

7　金管會並於日前發布我國審計品質指標 (AQIs) 揭露架構及範本，提升國內審計品質及透明度，https://www.fsc.gov.tw/ch/home.jsp?id=96&parentpath=0,2&mcustomize=news_view.jsp&dataserno=202108190001&toolsflag=Y&dtable=News，瀏覽日期 2021 年 8 月 30 日。

參、爭議問題分析

本部分之分析，將聚焦在財報不實時董監事可能負擔的法律責任。從以下的判決分析可以歸納董監事在審議財報時，應做到什麼才能降低執行職務之風險。

問題一：
—————
公司之財務報告若經法院認定其主要內容有虛偽或隱匿情事時，董事應承擔何種法律責任？

依照公司法之規定，董事為公司負責人，應盡善良管理人之注意義務及忠實義務，若有違反，要對公司負民事責任（公司法第 23 條）；證交法也規定，公司財務報告若有不實，公司董事及相關人士要對投資人負民事責任（證交法第 20 條之 1），也應負刑事責任（證交法第 171 條 [8]）。

一般來說，檢察官通常不會輕易追訴董事之刑事責任，除非該名董事參與不實財報之編製。但從財務報告使用者民事求償角度而言，若財務報告之主要內容有虛偽或隱匿之情事，董事除非能向法院證明自己就財務報告之審議「已盡相當注意，且有正當理由可相信其內容無虛偽隱匿之情事」，否則依法應對投資人負損害賠償責任。這就是我國目前證券交易法 20 條之 1 為保護證券市場的投資人，對於財務報告主要內容有虛偽或隱匿之情事時，對董事責任採用之「推定過失責任」。

換言之，董監事必須自己舉證已盡義務，若無法舉證，就要負損害賠償責任。實務運作中，許多董監事往往因為無法舉證，以致被法院判定要

8　證交法第 171 條規定，財報不實之刑事責任為三年以上十年以下有期徒刑，得併科新臺幣一千萬元以上二億元以下罰金。

負責任。邰港案法院指出[9]，「獨立董事以其於董事會之會前會中，均一再以口頭、電子郵件要求提供相關資料，但遭公司拒絕，**卻未於訴訟中提出相關證據，對財報不實仍須負責**。法院認為，獨立董事甲〇如曾對於依當時公司財務狀況無必要支出高額價金買受之不動產審閱財務文件、監督相關財務收支情形或要求公司提供財務及營運文件，因遭公司阻礙未能取得，應在董事會中表示反對意見或保留意見並記載在會議記錄中，但董事會會議記錄中並無任何獨立董事反對或保留意見之記載。然遍觀公司董事會會議記錄，系爭財報由全體出席董事照案通過，無隻字片語記載甲〇曾以口頭、電子郵件要求公司揭露、表達財務及營運資訊、提供財務及營運文件，而遭公司推諉、拒絕。甲〇所提證據尚不足以證明其已盡相當注意，且有正當理由可合理確信系爭財報之重要內容無虛偽或隱匿情事。」

由於財報不實案件很有可能都是在財報發布的數年後，才被檢察官或投資人訴追相關法律責任，被告董事可能已非個案公司之董監事，公司也未必留存相關資料，舉證存有一定的難度。由於現行證交法要求由被訴董監事舉證才有機會免責，董監事於執行職務時，一定要注意留存各項紀錄。

問題二：
━━━━━

季報是報告案還是討論案？季報若有不實，董事是否要負責？

證券交易法第 36 條規定，季報應「於每會計年度第一季、第二季及第三季終了後四十五日內，公告並申報由董事長、經理人及會計主管簽名或蓋章，並經會計師核閱及提報董事會」。又同法第 14 條之 5 規定，審計委員會應審議「由董事長、經理人及會計主管簽名或蓋章之年度財務報告及須經會計師查核簽證之第二季財務報告」，並提董事會決議。本條所謂「經會計師查核簽證之第二季財務報告」，係指金控公司之合併報告、本國銀行與票券金融公司之個體財務報告。

9　邰港案，臺灣高等法院 103 年金上字第 4 號民事判決。

換言之，依現行證交法之規定，一般公開發行公司之季報無須經審計委員會／董事會決議，列為會議之報告案並無問題。但應注意的是，有些董事因此誤以為，由於季報未經審計委員會／董事會審議，若有不實，董事也沒有責任。

就此，法院認為董事還是要對季報負責。

實務案例一：邰港案[10]

法院認為，「依證券交易法第 20 條與第 20 條之 1 規定，就財報不實之賠償，並未區分季報或年度報告；且發行公司之董事，本應就發行公司對外公告之財務報告負擔保義務及對公司財務業務應負之內部監控義務，相關義務不因公司之季報依法不需經董事會決議通過，即免除其監控之責；又依公司法第 202 條規定，除公司法或章程規定應由股東會決議之事項外，董事會係公司業務之執行主體，故縱公司法或證券交易法就特別事項明文規定需經董事會決議通過，亦僅是例示性質，其目的僅係要求董事會就各該規定業務之重大事項，以更嚴謹之程序為決策，因此董事會之業務範圍，當然不以法條明文規定應經董事會決議之事項為限。」

---

10 邰港案，臺灣高等法院 103 年金上字第 4 號民事判決。

　　總結來說，依現行法，季報可以列為審計委員會 / 董事會之報告案或者討論案，但由於法院判決認為，董事對於財報監控義務不會因為季報依法不需經董事會決議通過，而免除或降低董事之監控責任，因此，實務運作中，也可見越來越多的公司將季報列為討論案。另一方面，金管會於 2020 年 8 月發布的公司治理 3.0 即提出推動上市櫃公司每季財務報表需經審計委員會同意，並將此列為公司治理評鑑指標。季報應經審計委員會 / 董事會決議已成為趨勢，值得大家注意。

問題三：

董事未參加審閱財報的該次會議，董事是否仍有責任？

　　在財報不實案件中，常見被訴董事主張，其未出席通過系爭不實財報之會議，應該沒有責任。對此，法院則認為還是要負責。

實務案例三：宏傳案[11]

　　法院認為，董事「已接獲開會通知而未參加會議，即屬未善盡義務。董事之職責為詳實審認所通過之財報，經由編製財報，及實質審查財務報表等簿冊而達成，**出席董事會為董事之基本義務，倘已接獲通知而未參加開會，且會議前後亦未對財報提出異議，即屬未善盡義務。**」

---

11 宏傳案，最高法院 106 年台上字第 2428 號民事判決。

　　但若公司召開財報審議會議，董事確實因故無法出席時，該怎麼辦？如前述宏傳案法院見解，董事於「**會議前後**」可對財報提出異議。此外，根據金管會發布的公開發行公司董事會議事辦法之規定，「獨立董事如無法親自出席，應委由其他獨立董事代理出席。**獨立董事如不能親自出席董事會表達反對或保留意見者，除有正當理由外，應事先出具書面意見，並載明於董事會議事錄。**」

問題四：

財報若經會計師查核簽證且出具無保留意見，董事能否主張善意信賴會計師專業，就財報不實無須負責？

　　在財報不實案件中，常見被訴董事主張，其不具財會專業，且信賴會計師對於財報之查核簽證而主張對財報不實無須負責。被告董事這些主張很少為法院所採認。

　　證交法規定董監事應證明自己「已盡相當注意，且有正當理由可相信其內容無虛偽隱匿之情事」，除極少數法院外[12]，多數法院不認為選任大型會計師事務所進行財報簽證，即係董監事已盡責任，法院認為，董監事仍要盡實質監督之責任。

---

12 例如前述之康富案，臺灣台中地方法院 103 年度金字第 31 號民事判決。

實務案例四：宏億案[13]

　　法院認為，「被告未能證明其對系爭財報編造、查核過程如何善盡相當注意義務，僅推説財報已由經驗豐富之會計師簽證、核閱；**然財報故經會計師簽證、核閱，此係屬外部監督機制，董事會**負責業務執行、財報編造，監察人則有隨時調查公司財務業務狀況及查核簿冊文件之實質審查權，**其權限範圍遠大於會計師，被告自不能以財報已經會計師簽證、核閱為由，而卸免應盡之義務。」**

實務案例五：協和案[14]

　　法院認為，「董事依公司法有執行業務之職權，**縱得將業務之決策或執行工作授權予經營階層，或得主張善意信賴員工、專業人員提出之資訊，仍不能解免對被授權者之監督責任，以及應盡之忠實義務及善良管理人注意義務。」**法院進一步認為，「身為發行公司之董事及監察人均**應積極履行其實質之內部監控義務，而非淪為橡皮圖章僅就公司會計人員依**

---

13 宏億案，台灣高等法院 101 年金上字第 7 號判決。
14 協和案，臺灣士林地方法院 95 年金字第 19 號民事判決。

內部表冊製作之財務報表進行形式之核認而通過相關議案，甚至主張不知情、無相關智識理解財務報告、未實際參與經營、未參與董事會決議或公司有委任會計師查核等情形，即推卸法定之內部監控義務，否則即有怠於履行董事、監察人義務之情形。」

實務案例一：邰港案[15]

　　法院認為，獨立董事不得以其未經手公司日常會計事務、未參與財報之編製，且信賴會計師對於財報之查核簽證而主張對財報不實無須負責，蓋「獨立董事制度本質即藉免除董事持股之限制以達成強化董事獨立性、職權行使及確保誠信之目的，非謂獨立董事得以不具財務會計專業知識或無法實際參與經營為由，免除董事所應盡之財報編造義務。」

　　總結來說，法院雖肯認董事可授權經營階層編製財報，或主張善意信賴員工、專業人員提出之資訊，但多數法院仍認為不能因此解免對被授權

---

15 邰港案，臺灣高等法院 103 年金上字第 4 號民事判決。

者之監督責任。

　　從比較法來看，美國模範公司法以及德拉瓦州公司法均規定，董事可善意信賴公司經理人、員工、其他董事，或者外部法律顧問或會計師之意見。美國模範公司法第 8.30 條 e 項、f 項規定如下 [16]：

　　e. 董事在履行其職責時，除有專業知識者外，得信賴由 (f) 項之人所編製或提交之資訊、意見、報告或陳述，包含財務報表或其他財務資訊。

　　f. 董事得善意信賴：

　　　1) 其合理地認為具有可信度及執行該職能或提供該資訊、意見、
　　　　報告或陳述能力之公司經理人或員工。

　　　2) 其合理地相信具有可信度與技能與專業之法律顧問、會計師或
　　　　其他人。

　　　3) 委員會之意見，若其合理地相信該委員會。

---

16 MBCA § 8.30 Standards of Conduct for Directors
　(e) In discharging board or board committee duties, a director who does not have knowledge that makes reliance unwarranted is entitled to rely on information, opinions, reports, or statements, including financial statements and other financial data, prepared or presented by any of the persons specified in subsection (f).
　(f) A director is entitled to rely, in accordance with subsection (d) or (e), on: (1) one or more officers or employees of the corporation whom the director reasonably believes to be reliable and competent in the functions performed or the information, opinions, reports or statements provided; (2) legal counsel, public accountants, or other persons retained by the corporation as to matters involving skills or expertise the director reasonably believes are matters (i) within the particular person's professional or expert competence, or (ii) as to which the particular person merits confidence; or (3) a board committee of which the director is not a member if the director reasonably believes the committee merits confidence.

　　根據模範公司法官方註釋的說明，董事要構成善意信賴其他人所編製或提交之資訊、意見、報告或陳述者，必須董事閱讀、聽取或以其他方式熟悉這些資訊、意見、報告或陳述，此外，善意信賴不是盲目信賴，董事必須本於注意義務對於提供資訊者之信賴與適任性進行審視。

　　德拉瓦州公司第 141(e) 條的規定大致相同[17]，董事信賴他人所提供之意見者，必須是董事合理地相信該資訊之提供係在該他人專業能力範圍內，同時，該他人係經審慎選任者。

　　考慮我國法院實務見解，並參酌美國法之相關規定，被訴董事仍需具體舉證其如何進行實質監督，例如如何選任提供意見之內部人與外部專家，考慮哪些因素以決定提供意見者之適任性，是否以及如何熟悉他人所提供意見之內容等。

問題五：

董事若於會議中表達反對意見，或是聘任外部專家進行調查，是否就沒有責任了？ 還是尚必須要通報相關單位？

　　在財報不實案件中，曾有被訴董事主張，其已於會議中表達反對意見，或者已聘請外部專家進行調查，或者有其他董監事提出要進行調查，被訴董事發言支持，應已盡其義務。

---

17 DGCL § 141 (e) "A member of the board of directors, or a member of any committee designated by the board of directors, shall, in the performance of such member's duties, be fully protected in relying in good faith upon the records of the corporation and upon such information, opinions, reports or statements presented to the corporation by any of the corporation's officers or employees, or committees of the board of directors, or by any other person as to matters the member reasonably believes are within such other person's professional or expert competence and who has been selected with reasonable care by or on behalf of the corporation.".

分析目前判決，法院有認為董事於會議時就財報持反對或保留意見，並向主管機關檢舉或通報者，無須負財報不實之責。

實務案例五：協和案[18]

法院認為，「被告董事乙〇於董事會決議時持保留意見，之後更向證期會舉發協和公司財務報告之異常現象，應認被告所為已盡董事之注意義務並無過失。」

實務案例六：漢康案[19]

漢康案法院認為，「監察人甲〇擔任監察人期間曾委託會計師及律師查核漢康公司業務及財務狀況，確實有行使監察人監督調查權……而於察覺漢康公司有刻意隱瞞內部財務狀況時，亦立即向司法及行政機關（北檢和新北市政府）提起告訴及舉發，並委託會計師及律師查核漢康公司及財務狀況，足見伊已善盡監察人義務」。

---

18 協和案，臺灣士林地方法院 95 年金字第 19 號民事判決。

19 漢康案，臺北地方法院 104 年金字第 22 號判決。

實務案例四：宏傳案[20]

　　法院認為，「宏傳公司監察人丙〇於 94 年 1 月 20 日董事會中，就宏傳公司 93 年 12 月 31 日董事會決議購買新北市〇〇路大樓乙事，發覺資金流動異常，帳務不符，已委託律師、會計師組成查察小組調查。董事甲〇於會中建請丁〇董事長配合監察人所委託之律師、會計師查察小組，並向公司員工告知配合律師、會計師查察小組之查帳行動；董事乙〇則提議監察人委託律師、會計師之查帳須儘速進行，以維護全體股東及公司權益。對此，更一審法院認為，甲〇、乙〇兩人雖未出席該次審閱財報之董事會，但縱其等出席，亦因就任未久，無法察覺該半年報不實，其等贊同監察人丙〇所提查帳意見，已善盡董事責任，不負財報不實之損害賠償責任。最高法院則認為，投保中心主張如監察人丙〇未發動查核權限，甲〇、乙〇兩人不會發現宏傳公司財務異常，是其等未善盡董事職責，是否毫無可採，尚非無疑……」。

　　本案發回更二審[21]，法院認為「2.…，宏傳公司相關弊案之揭發，係主管機關於進行上市公司例外管理時，發現宏傳公司有不合營業常規、掏空公司資產之違法情形，並非董事、監察人發現並於94年1月20日董事會會議中揭發，縱使乙〇發言支持監察人查弊，亦因宏傳公司相關弊案早因主管機關查核發現，而非得作為其已善盡董事注意義務之證明。乙〇辯稱其於

---

20 宏傳案，臺灣高等法院 104 年度金上更（一）字第 6 號判決
21 宏傳案更二審，臺灣高等法院 108 年金上更二字第 14 號民事判決。

94年1月20日董事會已就系爭財報不實善盡注意義務，顯屬無
稽。3. …乙○於董事會中表示附議及請丙○委託之律師及會計
師儘速進行查核等語，僅係於知悉丙○之查核行動時，表示附
和之意，非於其執行職務範圍內發現宏傳公司有財報不實之情
形，難認其就系爭財報不實已善盡董事之注意義務。4.承上，
若丙○未發動查核權限，復於94年1月20日董事會提出公司資
金流動異常、帳務不符之情，乙○根本不會察覺宏傳公司財務
異常情形，足認其自93年6月15日上任後，並未善盡董事應盡
之注意義務，且無正當理由可合理確信系爭財報內容無虛偽或
隱匿之情形。」

　　若從前述判決分析，被訴董事若於會議中表達反對或保留意見，或
者聘任外部專家，並且向有關機關檢舉，法院認為已盡董監事之義務；但
若僅在會議中表達反對或保留意見或僅聘任外部專家，而未向有關機關檢
舉，是否足以免責？從目前法院判決分析，尚不能確認。

問題六：

**若發生異常情事，董監事應該怎麼做才算是已盡履行財報編製與查核之義
務？**

　　在財報不實的案件中，法院在認定董事是否怠於執行職務時，常見論
及系爭個案公司是否有異常情事，若有異常情事董事卻無質疑，則顯有怠
於履行財報編製及查核之義務。

實務案例五：協和案[22]

　　法院認為「被告丙○雖稱於任內督促協和公司調降財務預測，另 92 年第 1 季至第 3 季協和公司獲利大幅衰退，已認列投資損失及存貨跌價損失，故已修正協和公司自 89 年以來長期累積之虛假帳目，其等已善盡董事之義務，故應予免責云云。惟查，**不論調降財測或財報認列損失，均非揭露或更正協和公司長期虛增營收之資訊**，且依前述調和聯合會計師事務所於 93 年 3 月對協和公司92 年半年報做成之專案查核報告可知，協和公司 92 年 6 月 30 日前之相關交易，**發現協和公司展延之應收帳款（帳齡超過 180 天以上者）有 4 餘億元未計入呆帳評估**，另就 92 年 3 月間 6567 萬元之交易亦未依合約規定還款，而有未計入呆帳評估之瑕疵，顯見協和公司之董事及監察人就前述如此明顯之異常情事，竟未有任何質疑，顯有怠於履行編製及查核之義務。」

---

22 協和案，臺灣士林地方法院 95 年金字第 19 號民事判決。

實務案例七：博達案 [23]

　　二審法院認為，「甲○以法人代表人身分，自87/9/14-
91/8/19止擔任公司董事、後續又擔任監察人至93/6/15……博
達88至93年財務報告應收帳款大幅攀升、每股盈餘大幅滑落、
銷貨集中、一次認列大筆呆帳……以甲○長期擔任董監之身
分，至少應就該等異常情形進行瞭解、提問，始得稱已盡善良
管理人注意義務。」

　　由上述判決可知，董監事應持續對公司與產業情況予以關注，若發現
公司經營有異常情況，應該進行詢問與調查，必要時可以聘請外部專家進
行調查，並應於董事會中就相關事項提出議案，採取防止不法行為發生或
損害擴大的必要作為。

問題七：
────

財報不實的責任中，法院通常審酌哪些因素決定董事負擔民事賠償責任之
比例高低？

　　依證交法規定，董監事雖未參與不法行為，但因無法舉證證明自己已
盡注意義務者，「應依其責任比例，負賠償責任。」此即所謂比例責任制。

　　法院會考慮哪些因素判斷董監事之責任比例高低呢？分析目前判決，

─────────────────────
23 博達案，台灣高等法院 97 年金上字第 6 號判決。

多數法院認為不會僅因被告是獨立董事，責任就比較低，法院認為，獨立董事也是董事，相關規定並未限制獨立董事執行職務之範圍，故其責任與一般董事相同。

實務案例八：銳普案[24]

　　法院認為「所謂獨立董事，係指可對公司事務為獨立判斷及提供客觀意見之董事，乃強調其獨立性及專業性，有助於監督公司之運作及保護股東權益，……，是依公司法等相關法令，並未特別限制獨立董事職權之行使範圍，自無為獨立董事不能參與決策致不能監督公司業務狀況之情形。……無從以各該非屬董事長及總經理之董事、監察人平均分攤責任，或依持股比例計算責任，且獨立董事或監察人對於監督公司業務及財務之責任，並未較執行董監事為低。」

　　法院進一步指出，「(3)甲○、乙○辯稱：應以扣除總經理及董事長後之董監事人數共6位平均分擔，且獨立董監事之責任應僅為執行董監事之1/2，計算其責任比例云云；乙○又辯稱：依公開發行公司董事監察人股權成數及查核實施規則第2條第1項之規定，全體監察人之持有股數僅要求為全體董事之1/10，且監察人非公司執行業務之機關，其可歸責性理當較董事為低，故全體監察人之責任應為全體董事之1/10較為合理云云。然本件既應依各董監事之行為特性、違法行為與損害間之因果關係之性質及程度認定其責任比例，即無從以各該非屬

---

24 銳普案，臺灣高等法院 105 年金上更（二）字第 1 號判決。

董事長及總經理之董事、監察人平均分攤責任，或依持股比例計算責任，且獨立董事或監察人對於監督公司業務及財務之責任，並未較執行董監事為低，已如前述，自無獨立董監事應負之責任應僅為執行董監事之1/2 ，或依持股比例認監察人責任僅為董事責任之1/10，甲○、乙○此部分抗辯，洵無可取。」

就具體責任比例來說，法院判決則未見一致。

實務案例一：邰港案[25]

法院認為，「董事乙○身兼董事與財務長，對於公司業務運作及財務狀況較其他董事更為熟悉，如其非劃地自限、僅事後書面查核財務文件，而實質瞭解公司之財務實際收支狀況、基於財務考量對於公司密集連續買受高價不動產表示疑義甚且反對，管理階層應不致恣意妄為、於區區一年半期間虛增公司權利金收入及資產達2.35億元，就財報不實部分應負之責任比例為四分之一。董事丙○擔任董事多年，且為故意假造財報之公司董事長與董事／總經理之胞姊，對於公司情況非一無所悉，如其確實執行董事職務、實質關切瞭解公司之財務狀況、

25 邰港案，臺灣高等法院 103 年金上字第 4 號民事判決。

基於財務考量對於公司密集連續買受高價不動產表示疑義甚且反對，應不致有連續偽造不動產買賣契約，於區區二個月內虛增公司資產達 8 千多萬元之情事，而是段期間被上訴人公司共有五名董事、一名監察人，因此丙○就財報不實之責任比例為六分之一。獨立董事甲○該段期間被上訴人公司有五名董事、二名監察人，參諸其他董事（乙○、丙○）所負責任比例，法院認為獨立董事甲○就財報不實應負之責任比例為八分之一。」以本件為例，法院可能考量對於公司情況是否較熟悉、擔任董事是否較長時間、與從事不法行為之董事是否有近親屬關係等，來決定各被告之責任高低。

從比較法上來看，美國證券管理委員會針對公開說明書不實之責任訴追，董事是否已盡合理調查或可主張善意信賴時，發布 Rule 176 與 Release No. 6335 指出[26]：

- 若賠償義務人為董事，其與發行人是否存在特殊關係：

  董事因有專長、知識、或負有責任，而與公司有特殊關係者，較無此關係之外部董事，負有較高的義務。

- 賠償義務人主張善意信賴公司經理人、員工或其他人時，所信賴之人是否為具有提供相關資訊職權與責任之人：

---

26 朱德芳，證券交易法下資訊不實案見董監事民事責任之免責抗辯事由，財經法新課題與新趨勢（二），頁 197、213，2015 年 12 月。

賠償義務人（受託人）專長各有不同，基於專業分工，受託人對於其不具專長之事項，可授權他人處理，在其信賴為合理的情況下，不負責任，以免董事負擔過重責任。

肆、對董事執行職務的建議

董監事要強化對財報品質之監督，應多管齊下：

一、平時應持續進修，強化自身專業能力。

二、持續對公司與產業情況關注，並且把握每次開會經營階層進行業務報告時多提問。若發生以下情況，請提高注意並加以詢問，必要時可聘任外部專家進行調查：

    （一）營收之表現是否與產業、市場或總體經濟狀況大體一致。

    （二）毛利及利潤和同業相比是否有重大異常。

    （三）存貨金額與同業相比是否有重大異常。

    （四）銷貨或進貨是否過度集中在少數客戶。

    （五）長短期投資是否與本業或策略相關。

三、審慎選任財會主管與內部稽核，選任時應注意其適任性，並應確保公司投入足夠資源使其能允當地執行其職務。

四、審慎審議內部稽核提出的年度稽核計畫，確保涵蓋公司重大風險。

五、審慎審議內部稽核報告，對於報告中指出各部門之缺失，應監督各部門提出有效可行的改善計畫，並監督其執行。

六、審慎選任簽證會計師，選任時應注意其獨立性與適任性，考察

會計師事務所提供之審計品質指標（AQIs），確保會計師事務所與會計師投入足夠的資源以及會計師有充分專業妥善完成財報查核。

七、與簽證會計師溝通關鍵查核事項時，可請會計師就以下議題進行說明：

(一) 會計師在辨認關鍵查核事項時，考量哪些因素？

(二) 會計師辨認關鍵查核事項所使用之程序、方法為何？是否依賴其他專家協助？

(三) 會計師採取哪些查核程序因應辨認出之關鍵查核事項？

(四) 有哪些事項也接近關鍵查核事項之判斷標準，但最後被排除？若有，原因為何？

(五) 關鍵查核事項與前一年度、同產業公司是否有所不同？若有不同，差異及原因為何？

(六) 會計師是否曾與公司管理階層溝通及討論如何因應關鍵查核事項？

八、督促經營階層建立誠信經營文化，並建立吹哨者制度，確保吹哨者制度有效運作。

九、董監事執行職務應留下紀錄，才能在財報不實案件中，舉證證明如何執行職務，善盡責任。

財報不實的法律責任，是董監事執行職務最大風險所在。董監事應審慎對待，避免以下的行為與心態：

一、以為財報只要經會計師查核簽證並出具無保留意見，董事就沒有責任。事實上，我國多數法院認為，會計師簽證不能解免董事實質監督財報編製之責任。

二、以為只要於審計委員會／董事會審議財報時表達反對，董事就沒有責任。事實上，我國法院明確認為董事已盡義務之情況係於會議中表達反對意見，或聘任外部專家進行調查，同時向有關機關舉報。換言之，董監事應考慮採取能夠防止不法行為發生或者避免損失擴大的必要措施。

三、以為獨立董事的責任小於一般董事，事實上，我國多數法院認為，法規並未限制獨立董事執行職務之範圍，故不當然因係獨立董事而責任較輕。

實務專家評論—《董事財報不實之民事責任》

賴源河

銘傳大學財經法律系講座教授

公司之財務報告乃公司經營成果之紀錄，亦為企業內容之重要資訊，而有關企業內容之資訊是投資人為投資判斷所不可或缺之資料。為保護投資人，證券交易法乃規定，已依本法發行有價證券之公司，除應於每營業年度終了後三個月內公告並向主管機關申報年度財務報告；於每營業年度第一季、第二季及第三季終了後四十五日內，公告並申報季報；於每月十日以前，公告並申報上月營運情形(證券交易法第36條)。財務報告之編製，公司法雖規定應由董事會為之，但董事會仍可授權經營階層編製財報，而由董事負擔積極履行其內部監控之義務。

財務報告既為投資人投資判斷所不可或缺之資訊，為保護投資人，確保財報內容之正確性，遂有其必要。證交法為達此要求所作之規定，有主管機關對公司書面之審查（證券交易法第30條）、會計師對財報之查核簽證（證券交易法第36條）、對作成虛偽不實書面（如公開說明書、申請書、財報有價證券報告書等）之關係人，科以損害賠償之責任或刑罰（證券交易法第20、20之1、32、171、174條）。

有關財報不實之民事責任，證交法第20條第2項明定，發行人依法申報公告之財務報告或財務業務文件，其內容不得有虛偽或隱匿之情事，惟該規定之責任範圍未盡明確。為杜爭議，遂增訂第20條之1，對發行人採結果絕對責任主義，縱無故意或過失亦應負賠償責任，至其他應負責任之人則採過失推定之立法體例，須由其負舉證之責，證明其已盡相當注意且有正當理由可合理確信其內容無虛偽或隱匿之情事，始免負賠償責任。因為法律如此規定，所以一旦公司爆出財報不實的弊端，董監事若無法舉證證明監督毫無過失，便容易落入「推定過失責任」的困境，而目前司法實務多認為董監事不得以不具財會專業、信賴公司所

委任會計師對財報之查核簽證、財報係採授權經理履行編制、未出席董事會或僅係掛名、無法參與決策、股東會已承認過財務報告等,作為免責之事由,董監事不得不慎。

本章節為協助董事履行職務以期減少被訴追或求償的困境,除提出許多案例詳細說明財報不實民事責任之相關概念與內容外,特別針對實務界較有疑慮或不清楚的問題,諸如董事應否對不實季報負責;董事未參加審閱財報的該次會議,是否仍應對不實財報負責;財報經會計師查核簽證且出具無保留意見,董事是否就可免責等事項,予以探討解說,尤其於最後特別針對董事執行職務所應注意的事項,提出具體可行的建議,深值董事們研讀,進而採行,以免招惹官司。

實務專家評論—《董事財報不實之民事責任》

董事如何善盡財報審議職責 防免民事責任

薛明玲
中華公司治理協會常務理事

公開發行公司董事對於財報不實之民事責任，重點在於董事是否已盡相當注意，且有正當理由可合理確信財報內容無虛偽或隱匿之情事。茲就董事對於財報之編製及審議的實務，略述如下：

一、確認公司規章及內部控制制度健全並有效執行，足以產生「允當表達」之財報

財報是公司每日交易結果的彙整，因此董事須先確認公司具有健全合規的內控制度。例如：

(一) 董事會及所屬功能性委員會之組織規程
(二) 組織架構及職責劃分辦法
(三) 取得或處分資產處理準則
(四) 資金貸與及背書保證作業程序
(五) 風險管理政策及程序

二、督導重大交易須經合理評估及遵循法令

重大交易是影響財報允當表達的最可能事項，例如：

(一) 重大資產之取得及處分
(二) 合併、收購或股份交換
(三) 與關係人之重大交易
(四) 重要轉投資事業之管理，尤其是海外投資。

三、選任獨立且適任之會計師並有效的溝通

除了本章「肆、董事執行職務應注意事項」第7點,與簽證會計師溝通關鍵查核事項外。實務上,審計委員會及董事會於審議財報時,亦會請會計師列席,說明:

(一) 財報查核過程之重大事項(例如:重大之估列負債、承諾及或有事項、帳列商譽之評估或資產減損),以及調整分錄之原因及影響。

(二) 介紹重要法令及會計原則之增修,或主管機關加強監理之事項。

四、運用商業邏輯判斷解析財報之合理性

雖然公司之董事多數並非會計背景,但都具有公司經營相關的專業,因此運用商業邏輯判斷,更可以發現財報可能之不實之處。例如:

(一) 分析資產負債結構之合理性:判斷財報有無高估或非營業所必需之不良資產,或者有無低估或隱匿之負債。

(二) 損益表是否合理反應公司之行業特性、營運狀況及景氣情形。

(三) 各項營運數據是否合理。例如分析存貨週轉天數、應收帳款收現天數是否合乎該行業常規,以判斷有無虛偽之交易;另外亦可從利息收入占金融存款平均餘額之%、利息支出占金融負債之%,判斷現金及銀行存款、銀行借款之真實性。

(四) 公司如有重大訴訟,罰款、對外承諾及或有負債之情形,是否已依規定作重大訊息公告,並依會計原則於財報允當揭露。

五、董事如何盡責的行使職責

落實董事之職責是防止不實財務報的正本清源之道，有關董事行使財報之監督指導及審議之實務，列舉如下：

(一) 公司管理當局提供完整的營運資訊，是董事能有效行使職權之基礎。

    1. 董事會及各功能性委員會議前，及時提供完整的資料。

    2. 公司之重大決策計劃，須有完整的評估機制、並與所有董事討論溝通，同時對重大訊息作好保密規範。

(二) 善用公司內部及外部專業資源

    1. 督導內部稽核部門及公司治理主管發揮其專業職能。

    2. 公司有重大交易或對法令遵循有疑義時，宜徵詢客觀之專業人士意見。例如：會計師、律師及其他相關專業人士。

(三) 落實誠信經營，建立防止不誠信行為機制

舞弊是造成財報不實之主要肇因，因此上市上櫃公司董事會須制定通過「誠信經營守則」，建立不誠信行為之檢舉制度，以正面的心態落實執行。

—— 第九章 ——

內線交易之消息傳遞責任

張心悌

國立臺北大學法律學系教授

實務案例一：A公司案

　　王O為A公司董事長兼總經理。張O掛名A公司董事長特別助理，但卻實際行使董事職權。

　　張O等藉由虛偽交易將A公司支付上游供應商貨款而取得之款項，因未回流充作下游客戶之貨款，致回流資金出現缺口，101年10月20日張O核對確認A公司尚有應收貨款及預付貨款金額合計約4億6,000萬元尚未回收，已占A公司101年上半年度財務報告資產總額37.6%，更達實收資本額77.2%。

　　張O獲悉上開不合營業常規交易所產生之鉅額虧損，於101年10月22日甫開盤之際，以每股15.4元將人頭帳戶內A公司股票共計25萬股全數委託賣出。

　　王O於知悉並確認前開有重大影響A公司股價之消息後，其於101年10月24日中午前往諮詢律師意見後，即以手機通訊軟體『微信』(wechat)傳簡訊給友人陳O表示A公司股票價格會跌，能賣多少就賣多少，陳O旋即出脫其所持有之A公司股票。

壹、前言

我國證券交易法（下稱證交法）第157條之1禁止內線交易所規範的行為主體，除標準的公司內部人(insider)，如董事、監察人、經理人、持有公司股份超過10%的大股東等外，尚包括第5款「從前四款所列之人獲悉消息之人」，此乃所謂的消息傳遞責任(tipper/tippee liability)。即公司董事、監察人、經理人、10%大股東、或第3款「基於職業或控制關係獲悉消息之人」等將公司內部未公開之重大消息告知行為人而成立的內線交易責任。如前述案例中董事長王O在公司鉅額虧損的重大消息尚未公開前，告知友人陳O，陳O即為從董事長獲悉消息的消息受領人，陳O隨即賣出公司股票之行為，固然構成禁止內線交易之違反，然內部人王O本身並沒有買賣A公司之股票，是否亦必須負擔內線交易的責任？

近期實務上不乏公司董監事等內部人或基於職業關係獲悉消息之人（如公司秘書）獲悉公司內部未公開之重大消息後，將該消息告知親友，由親友買進或賣出公司股票的情形，親友之獲利或規避損失金額均不高，卻觸犯內線交易三年以上十年以下的重刑與民事賠償責任[1]，且傳遞消息的公司內部人依具體個案情形，亦有可能因此負擔相關民刑事責任，可謂損人而不利己，實不可不慎！

---

1 例如臺灣臺北地方法院 109 年金訴字第 6 號刑事判決。

貳、內線交易消息傳遞責任之概說

　　具特定身分之內部人，獲悉未公開且影響證券價格之重大消息後買賣證券，為內線交易的行為，世界主要國家皆立法禁止。我國法院目前多數見解對於禁止內線交易的理由係採取「健全市場理論」，或稱「資訊平等理論」，即強調買賣交易雙方的資訊平等，內部人不得利用內線消息而從事交易。將此一理論應用於消息傳遞責任，消息受領人被認定違反內線交易乃係基於其與消息傳遞人的特別連結(conneciton)，使其居於與內部人相同的特別資訊優勢地位，而違反交易的公平性。

　　承前所述，我國證交法第157條之1第1項第5款明文規定「從前四款所列之人獲悉消息之人」亦為內線交易規範的內部人；同條第4項規定「第一項第五款之人，對於前項損害賠償，應與第一項第一款至第四款提供消息之人，負連帶賠償責任。但第一項第一款至第四款提供消息之人有正當理由相信消息已公開者，不負賠償責任。」換言之，消息受領人從事內線交易，應負相關刑事與民事責任；消息傳遞之內部人，如僅係告知消息而未從事證券買賣者，原則上不負刑事責任，僅依前述第4項規定與消息受領人負民事連帶賠償責任。惟倘消息傳遞人與消息受領人間就內線交易之犯罪具有犯意的聯絡與行為的分擔，則在具體個案情形，將成立刑法的共同正犯；另於符合教唆或幫助之要件時，亦有可能成立刑法的共犯。

為何要禁止內線交易？

　　主張禁止內線交易的理論，主要有二：健全市場理論與信賴關係理論。**健全市場理論**，從市場總體的觀點著眼，以促進市場流通、資源合理配置，以提升證券市場效率為基礎，主張**投資人有平等取得資訊的權利，以維護證券交易的公平。**因此影響證券價格的重要消息均應公開讓投資人分享。內線交易違反交易的公平，損害投資人信心，影響市場的健全發展，必須加以禁止。**信賴關係理論**，是從公司個體的觀點立論，以內部人，如董事、監察人、經理人等，對公司及股東所負的收任人義務(fiduciary duty)為基礎，**主張公司內部人知悉內線消息後買賣股票，圖謀個人私利，係違背受任人的收任人義務，就是**對交易相對人的欺騙行為。為導正公司經營並保障股東權益，必須加以禁止。（請參見賴英照，最新證券交易法解析，頁399，2020年4月。）

參、內線交易消息傳遞責任之主要類型與爭議

由於證交法第157條之1第1項第5款之消息傳遞責任的規範過於簡單，致產生適用與解釋上諸多待釐清的問題，包括：第一、內線交易責任的成立，是否限於傳遞消息之內部人係故意傳遞消息的情形？第二、如行為人知悉內線消息是偶然聽聞的，如在電梯中偶然聽到公司高層討論正在進行的併購案，進而買賣該公司之股票，是否構成內線交易？第三、消息傳遞人倘係基於公司業務運作之正當商業目的而告知內線消息，消息受領人獲悉後買賣公司股票，是否構成內線交易？第四、消息受領人是否包括直接和間接消息受領人，即是否包括多手傳遞的情形，例如公司內部人甲傳遞消息給乙，乙再傳遞消息給丙？上述若干問題，在目前相關學說與法院實務見解，並未有一致性的標準答案，而使得消息傳遞的內線交易法律責任在判斷上可能產生分歧的結果。

本部分以目前實務有關內線交易消息傳遞責任的主要四種類型加以說明，並分析其爭議問題。

類型一：內部人故意告知消息受領人

前述實務案例一中，A公司董事長王O於知悉並確認有重大影響公司股價之消息後，其於101年10月24日以手機通訊軟體『微信』傳簡訊給友人陳O表示A公司股票價格會跌，能賣多少就賣多少，陳O旋即出脫其所持有之A公司股票，即為標準的內部人故意告知消息受領人的情形。

有爭議者，證交法第157條之1規定董事或其他內部人於「實際知悉發行股票公司有重大影響其股票價格之消息時」，在消息未公開前或公開後18小時內，不得從事內線交易行為。本案中，消息傳遞人並未告知消息受領人有關公司因不合營業常規交易所產生之鉅額虧損，以及虧

損的數字等具體內容，僅告知其「股票價格會跌，能賣多少就賣多少」等抽象內容，是否仍構成法條所謂「知悉重大影響股票價格之消息」？

目前法院實務見解乃從消息受領人陳O與消息傳遞人王O之關係，以及消息受領人明知王O為A公司董事長之特殊身分與對公司財務、業務消息之真實性自具有高於一般外部人之確信等事實，而認定王O應有將前開A公司財務重大虧損消息分別告知陳O；法院亦認為王O雖未將前提原因事實詳細告知，然就該前提原因事實所導致之結果即A公司財務重大虧損，已告知消息受領人[2]。

換言之，法院見解就消息傳遞之內容，並未嚴格要求必須明確告知該影響公司股票價格的重大消息（如本案中的不合營業常規交易導致鉅額虧損），只要根據經驗法則，消息受領人可以從消息傳遞人的內部人身分推知公司可能發生重大影響股價的消息，即使所告知者為重大消息所導致的結果（如本案之重大虧損和股價下跌），仍屬知悉「重大影響股票價格之消息」而構成內線交易[3]。

倘消息傳遞人僅係單純推薦消息受領人買賣某一公司股票，但並未給予消息受領人有關該公司之特定資訊，消息受領人依據該推薦進行交易，是否仍構成內線交易消息傳遞責任？美國學者有認為，法律課予

---

2 臺北地方法院 103 年金字第 29 號民事判決。

3 在復興航空內線交易案件，法院亦採取類似見解。復興航空內部高層決定不再繼續經營復興航空，並討論如何處理復興航空清算及重整等問題。在該案中易飛網國際旅行社股份有限公司董事長及實際負責人周育蔚事先知悉「復興航空將於隔 (22) 日全面航線停飛一天」之消息，周育蔚知悉前揭消息後，深知「航空公司全面航線停飛一天」情形，在航空業界係屬重大異常情事，即可預見復興航空必有重大利空消息，陸續賣出復興航空之股票，而當時市場上尚未有任何新聞媒體報導或經復興航空公開證實之重大訊息。是以被告周育蔚所知悉者，並非復興航空擬清算及重整之重大消息，而係公司停飛全面航線一天之消息，仍以內線交易罪被起訴並判刑。請參見台灣台北地方法院 106 年金訴字第 15 號刑事判決。

消息受領人責任之目的並不在於其被告知特定事實，關鍵乃在於其收受利益，因此，若消息受領人「明知或有相當明確的理由懷疑」消息傳遞人的推薦係濫用公司內部未公開資訊，則消息受領人仍應負責。例如，該推薦內容並非內部人對公司之概括觀點，而具有暗示之情形；或依據客觀情況判斷，該推薦具有特定重大性或急迫性[4]。

此外，補充說明者，現行公司法第8條第3項本文規定：「公司之非董事，而實質上執行董事業務或實質控制公司之人事、財務或業務經營而實質指揮董事執行業務者，與本法董事同負民事、刑事及行政罰之責任」，此乃實質董事之規範。條文雖規定與「本法」董事同負民事責任，但實質董事的責任規範，並不以公司法所明定的責任為限，以公司法為基礎的法律，如證券交易法、企業併購法、銀行法等，其就董事責任之相關規範，亦有可能適用於實質董事。法院判決有明確表示，**實質董事從事內線交易行為，亦有證交法第157條之1第1項第1款該公司「董事」的適用**[5]，即前述實務案例中，張O掛名A公司董事長特別助理，但卻實際行使董事職權，為公司之實質董事，其於獲悉公司鉅額虧損之消息後賣出公司股票，亦成立內線交易。

4　DONALD C. LANGEVOORT, 18 INSIDER TRADING REGULATION, ENFORCEMENT, AND PREVENTION § 4.9 (2008).

5　臺北地方法院 103 年金字第 29 號民事判決。

類型二：消息受領人偶然聽聞

消息受領人「偶然聽聞」(overhear)的情形係指消息傳遞人並無意告知內線消息，消息受領人乃於無意間聽聞該內線消息，進而買賣公司的股票。常見的情形包括：公司內部人在餐廳用餐時討論公司重大併購案，服務生於服務時無意聽到該內線消息；公司內部人於搭乘計程車時討論公司重大交易，計程車司機因而獲悉該內線消息等。於此種情形，消息傳遞人與消息受領人是否應負擔內線交易的責任？鑒於所採取禁止內線交易理論的差異，我國法院與美國法院實務於此種類型呈現不同的思考與結論。

實務案例二：漢微科案

被告許O與英屬卡門島商瑞士信貸亞洲國際財務顧問有限公司（下稱瑞士信貸）臺灣分公司負責人邱O（所涉及內線交易犯行另經檢察官為不起訴處分，並經臺灣高等檢察署駁回再議確定）係夫妻。因荷蘭商ASML Holding N.V. 公司（下稱ASML公司）有意收購我國股票上櫃之漢民微測科技股份有限公司（下稱漢微科公司）全部股份，雙方於105年4月12日在美國洛杉磯初次會面商討併購事宜，ASML公司並於105年4月21日與瑞士信貸簽訂委任契約，委任瑞士信貸擔任ASML公司併購漢微科公司一事之財務顧問。

嗣因漢微科公司與ASML公司雙方對該併購案的架構已有共識，遂於105年4月29日簽署保密協定，至此時間點漢微科公司將被ASML公司收購之重大消息即已明確。於105年5月上

旬某日晚間，邱O在住處接獲併購團隊電話，為避免遭他人聽取會議內容，乃於其住處之臥室衛浴間討論併購案事宜。然因許O與邱O共同生活，於經過衛浴間門前時，恰巧聽聞邱O講及「TENDER OFFER（公開收購要約）」「HMII（漢微科英文縮寫）」等字眼，未經邱O同意即矗立門外竊聽邱O電話會議內容，因而知悉上開漢微科併購案及溢價2成多等訊息。許O獲悉足以影響漢微科公司股價之本件併購案之重大消息後，自105年5月24日起至6月15日止，購買漢微科公司股票共計120張。消息公開後許O陸續賣出其前開購入之漢微科公司股票，共計獲得不法利益達2,290萬5,000元。

（台灣高等法院 107 年金上訴字第 18 號刑事判決）

就案例二（下稱漢微科案），傳遞消息之妻獲刑事不起訴處分，另高等法院判定受領消息之夫違反禁止內線交易的規定，理由簡述如下：

第一、按證券交易法第157條之1第1項第5款一律限制「從前4款所列具有特定內部關係之人獲悉消息之人」不得於消息公開前或公開後18小時內為證券交易，就法條文義本身而言，未要求獲悉消息之人須與傳遞消息之人對於內線消息之傳遞有共同認識，亦不要求雙方須有特定信賴關係，且消息受領人進行有價證券買賣違反其對於消息傳遞人之忠實義務。

第二、證券交易法第157條之1所規範之內部人包含公司董事、監察人、大股東，即可見有關於內部人範圍之界定並非以信賴關係為基礎；民國99年修法時更將公司債納入規範，而因董事對於債券持有人本不具有收任人義務，故從此修正更足見證券交易法規範走向健全市場理

論之傾向。

　　第三、共同生活之夫妻關係密切，妻所從事業務主要為大型跨國公司併購案件，因此往往有得知與公司併購相關之重大內線消息機會，夫明知上情，仍於妻進行跨國電話會議之際，在浴室門外偷聽通話內容，再根據因此獲取之內線消息買賣漢微科公司之股票，**顯然是利用其與基於職業關係而獲知消息之直接消息受領人之密切關係，而主動以不正當方式獲取內線資訊之行為，與一般人透過公開之消息資訊來源或在外偶然聽聞某特定公司之利多消息，再經由自己的投資分析及判斷後，始決定購買該公司股票之情形，自不相同，是以夫之行為該當於內線交易罪責，應無疑義。**

實務案例三：按摩師案

　　光寶科技股份有限公司（下稱光寶公司）有意併購建興電子科技股份有限公司（下稱建興公司），併購案內容係由光寶公司透過其子公司寶源公司公開收購建興公司一定比例之股份數，於公開收購完成後，與建興公司進行合併。於民國（下同）102年1月4日，與大華證券公司簽訂公開收購股務作業契約時，該重大消息即屬明確。自102年1月15日起，光寶公司內部人員展開後續細節性架構、公開收購相關條件及契約文稿內容之作業等，嗣光寶公司於102年1月30日下午2時至3時，召開董事會決議通過公開收購案，並於同日下午6時33分，上傳公開資訊觀測站公告，上開併購案之重大消息始獲公開。

　　被告王○係按摩師傅，在居所處經營按摩業，光寶公司執行長陳○經常至被告居所按摩。陳○就併購建興公司一案之評

估及決策居重要地位，陳O於101年12月13日，就前開併購案
簽立保密契約。被告於102年1月30日上午9時許，為陳O進行
足部按摩時，因光寶公司將於當日（30日）下午召開董事會
通過購併建興公司，而陳O正以行動電話談論公事，被告聽見
不知情之陳O提及「合併或收購建興」、「要去建興開會」等
談話內容，因知悉陳O為光寶公司執行長，探詢過光寶公司與
建興公司之股價，認光寶公司要合併或收購建興公司之消息應
具高度可信性，而實際獲悉併購建興公司之重大消息，該消息
將有利於建興公司股價，可伺機購入建興公司股票。被告於陳
O按摩完畢離去後，於102年1月30日上午10時44分59秒至14
時8分43秒間，透過電話下單之方式，以每股新台幣（下同）
26.4元、26.8元之價格先後接續委託買進建興公司股票，並成
交共4萬股，所需股款106萬1,509元（含手續費1,509元）。前
開併購案於102年1月30日18時33分公開後，被告隨即於102年
2月18日，將所持有之建興公司4萬股以每股32.27元（均價）
全數賣出，所得股款129萬266元，扣除前述買進成本，不法
獲利22萬8,757元。

台灣高等法院 104 年金上字第 53 號刑事判決

就案例三（下稱按摩師案）法院則採取與前述漢微科案相反的見
解，認為按摩師的行為沒有違反禁止內線交易之規定。法院認定的理
由，簡述如下：

第一，被告並未實際知悉該併購消息。法院認為：所謂「實際知
悉發行股票公司有重大影響股票價格之消息」，係指知悉「在某特定時
間內必成為事實之重大影響股票價格之消息」而言，被告雖有上開於禁

止內線交易期間內買賣建興公司股票之行為，惟其係屬自公司內部人獲悉消息之人，故其尚須構成有自證人陳O實際知悉建興公司本件上揭重大影響其股票價格之消息，始足成立該條規範之內線交易罪。本件內線交易案情既然涉及公司併購，衡諸交易常情及商場實務，企業併購並非絕對必然成立…於企業併購評估及作業流程中之不確定性，是消息受領人，如自內部人得知公司併購之消息，至少消息受領人須獲悉其所受領之企業併購訊息係屬「在某特定時間內必成為事實」之重大消息，始屬明確，而可認消息受領人實際知悉該重大消息，否則市場上企業併購之傳言時有所聞，然成功完成公司併購者幾希矣，如非因具內部人身分或自內部人處實際知悉併購案之確實性，消息受領者一概落入證券交易法第157條之1所規範之內線交易禁止範疇，不免牽連過廣，亦無助於市場交易之健全。......被告偶然自陳O處聽聞「合併或收購建興」、「開會」之籠統且片段之談話內容，顯未含本件併購案之重大消息其他具體內容，被告亦無從向陳O進一步求證該併購案真實性之機會，亦無其他佐證可供憑認被告獲悉「開會」之目的、內容等足以供消息受領者判斷併購案進行之時點究竟係前置評估程序或已達後端收購作業，稽之本案並無其餘積極證據可證被告已實際知悉光寶公司併購建興公司此一消息將於某特定時間點必然成為事實，難認被告已實際知悉該併購案件之重大消息。

　　第二，被告交易模式並非內線交易之常見態樣。法院認為：被告實非毫無操作股票經驗之門外漢，自101年起買賣股票迄今，除對於市場行情有一定之熟悉程度外，亦有買賣科技類股之相關經驗，對建興公司所發行之股票之交易行情自非全無所知.......可認被告確係以短線進出、一賣一買之模式操作股票無誤，而其購買建興公司股票之方式未明顯逸脫於其平常股票投資操作模式…無論光寶公司併購建興公司之消息是否為真，被告蒙受損失之風險非高，其以平時短線操作、一賣一買之交易模式購買建興公司股票，獲利為22萬8,757元，自交易模式及實際獲利觀之，孰非實務上常見之內線交易案件中大筆融資買空、賣空股票之獲取暴利情形，則其辯稱其係以賭博的心情購買建興公司股票等語，

顯屬非虛，應可採信。

第三，被告交易行為未侵害證券市場投資之公平性。法院認為：被告王O所聽聞之內容過於片段、籠統，未臻明確，自亦無從該當實際知悉該重大消息，縱其有於上開建興公司股票禁止內線交易期間內買入、賣出股票之行為，惟其該交易行為仍不足認有侵害證券市場投資之公平性可言。

本件法院判決以被告並未實際知悉重大消息的具體內容，限縮內線交易消息傳遞責任之適用，以避免法律牽連過廣而產生過於嚴苛之情形。然而，本案法院的推論或有若干再思考的空間。首先，被告究竟應該知悉多少重大消息的具體內容，始可謂對其已達「明確」之程度？知悉併購對象是否足夠？還是要知悉併購價格、換股比例等條件？法院並未進一步說明。再者，法院認為被告之交易模式及實際獲利，並非實務上常見之內線交易案件中大筆融資買空、賣空股票之獲取暴利情形，而認為其係以賭博的心情購買建興公司股票，故不構成內線交易。此一理由顯不具說服力，蓋內線交易並無固定的交易模式(例如利多買進、利空賣出)[6]，且行為人是否獲利，亦非所問[7]。至於被告是否以賭博的心情購買建興公司的股票，亦與是否違反禁止內線交易規定之判斷無關。最後，法院認為「縱其有於上開建興公司股票禁止內線交易期間內買入、賣出股票之行為，惟其該交易行為仍不足認有侵害證券市場投資之公平性可言」。惟倘從維護市場交易公平性之資訊平等角度思考，何以擁有

6　參最高法院 99 年度台上 8070 號：「若認為內部人獲悉利多消息而出售持股，不構成該條項之犯罪，不僅違背該條項之立法本意，且添增如何界定利多、利空之困擾，當非立法之本意。」

7　參最高法院 91 年度台上 3037 號：「該內部人是否因該內線交易而獲利益，亦無足問，即本罪之性質，應解為即成犯（或行為犯、舉動犯），而非結果犯。」

較多資訊之被告,並未侵害證券市場投資之公平性?實難以理解[8]。

應特別注意的是,我國法院目前多數見解係採取「資訊平等理論」,強調買賣交易雙方的資訊平等,內部人不得利用內線消息而從事交易。本案消息傳遞人雖無意告知按摩師有關公司併購的消息,但按摩師於從事內線交易時,確實擁有資訊上的不平等,倘採資訊平等理論,則按摩師仍將構成內線交易之「消息受領人」,而違反內線交易禁止之規定。

與前述漢微科案相較,漢微科案中法院表示「被告主動以不正當方式獲取內線資訊之行為,與一般人透過公開之消息資訊來源或在外偶然聽聞某特定公司之利多消息,再經由自己的投資分析及判斷後,始決定購買該公司股票之情形,自不相同」,似乎將「偶然聽聞」的內線交易案件類型,區分為「主動以不正當方式獲取(如夫之偷聽)」與「偶然聽聞後自己投資分析及判斷」(如按摩師之無意聽見)之不同情形而異其適用結果。此一區分是否有清楚的標準?從資訊平等理論思考,兩者是否應該有不同的評價判斷?均值得再三斟酌[9]。

---

8 本案之詳細討論,請參見張心悌,消息受領人偶然聽聞之內線交易責任─兼評臺灣高等法院 104 年度金上字第 53 號刑事判決,月旦裁判時報,第 49 期,2016 年 7 月,頁 30-37;江朝聖,按摩師是內線交易的內部人?台高院 104 金上訴 53 刑事判決,台灣本土法學雜誌,第 306 期,2016 年 10 月,頁 145-148。

9 學者劉連煜就建興按摩師案與漢微科案之評析認為:「何者情形是自行研判而買進股票,不構成內線交易?何者是「主動以不正當方式獲取內線交易資訊之行為」,構成內線交易?內線交易紅線應畫在哪裡?最重要者,被告等所聽聞之內容均屬片段,為何一有罪,一無罪?」詳細討論,請參見劉連煜,偶然聽聞之內線交易,月旦法學教室,第 209 期,2020 年 3 月,頁 23-25。

補充：美國法院關於偶然聽聞內線消息之見解

美國法就禁止內線交易的理論係以「信賴關係理論」為基礎，在內部人的消息傳遞責任認定上亦不例外，依美國最高法院1983年Dirks v. SEC案(463 U.S. 646)的見解，內線交易消息傳遞責任成立之要件有二：內部人因傳遞消息給受領人而違反其對股東之收任人義務，以及消息受領人明知或可得而知內部人違反收任人義務。而決定內部人是否違反對股東之收任人義務，則以其是否因傳遞消息而直接或間接受有「個人利益」(personal benefit)為判斷。個人利益要件之認定相當寬鬆，包括金錢上利益、名譽上利益、餽贈等。

關於個人利益的判斷，雖然2014年第二巡迴法院在United States v. Newman案(773 F. 3d 438)採取較嚴格的見解，要求內部人與消息受領人間存在一個對價關係，但最高法院在2016年的Salman v. United States案(137 S. Ct. 420)仍確認Dirks案就個人利益所建立的寬鬆標準。換言之，消息受領人之責任係自公司內部人處所衍生而來的。倘消息傳遞人未違反其收任人義務而傳遞消息時，則消息受領人應無內線交易之責任。

因此，在美國法上，在下列三種情形，由於消息傳遞人並未因傳遞消息獲得「個人利益」而違反其收任人義務，並不構成禁止內線交易之違反：第一，於消息受領人偶然聽聞內部人將公司內部未公開重大資訊告知他人之情形；第二，內部人傳遞消息具有商業正當目的（詳後述類型三）；第三，消息傳遞人傳遞消息乃為揭發不法犯罪行為。

類型三：內部人告知消息具有正當商業目的

消息傳遞之內部人告知公司內部未公開重大消息係基於正當商業目的(corporate purpose or business reason)，內部人和受領消息而交易之人可否免負內線交易的責任？

實務案例四：航空業A公司案

A上櫃公司經營航空業，因公司連年虧損，再加上新冠肺炎(COVID-19)疫情對公司業務造成嚴重負面衝擊，公司內部高層決定不再繼續經營，並於2020年12月4日召開董事會討論如何處理公司重整等問題。A公司之總經理張O於該董事會後，乃以電話通知與A公司長期合作的旅行業負責人林O，請其暫停銷售A公司之國內離島航線機票。林O知悉前揭消息後，依其在業界多年的經驗，認為A公司必有重大利空消息，因而陸續賣出其所持有之A公司股票。A公司聲請重整之消息曝光後，A公司股票大跌，林O規避損失新臺幣300萬元整。

承前所述，我國目前法院實務就內線交易禁止的理論，多數見解係採取「資訊平等理論」，倘採取此一理論，則不論消息傳遞人告知內線消息是否具有正當商業目的，只要消息受領人於交易時具有資訊上優

勢，即構成內線交易。例如在富O鄉的內線交易案件[10]，被告李O嘉主張：「經理胡O揚於同年10月21日稍早富O鄉公司內部高層開會時知悉此項訊息，至於富O鄉公司召開此項會議之目的，係向富O鄉公司主管說明即將公布之重大訊息，並使公司之經營管理階層及主管們得以預做準備，胡O揚基此方告知上訴人。胡O揚為此項消息傳遞，並非對於富O鄉公司或股東為違反收任人義務之行為，無由構成證交法第157條之1第1項第5款規定之消息傳遞人。」就此抗辯，法院表示：「李O嘉如非基於富O鄉公司高雄營業所主任之緣故，焉有可能自經理胡O揚處，獲悉富O鄉公司所公告之系爭資料訊息並非實情進而於系爭消息未公開前賣出系爭股票，以規避自身損失，顯見李O嘉因身為富O鄉公司高雄營業處主任，取得較一般公開市場交易人更有競爭力之資訊優勢地位，自屬於基於職業關係而獲悉消息者。**此與胡O揚有無違反相關之法律義務及有無故意違反收任人義務而洩漏消息無涉。故李O嘉主張胡O揚無須負擔消息傳遞人之責任，其亦無須負擔證交法第157條之1第1項第3款之責任云云，自非可採。**」即係採資訊平等理論而不接受基於正當商業目的而傳遞消息之抗辯。

消息受領人在法院實務上，依據個案具體情形，可能直接適用第3款「基於職業關係獲悉消息之人」認定其內部人身分，而無須依第5款認定其為消息受領人。例如，上市公司負責人與銀行業務往來或貸款，提供公司必要之財務、業務資料，應具有正當商業目的，如銀行經辦人員從事內線交易，銀行經辦人員可認為係「基於職業關係獲悉消息之人」，而必須負擔內線交易的責任；至於公司內部人則無須認定其為消息傳遞人，亦無須依證交法第157條之1第4項負擔民事連帶賠償責任，以避免產生因適用第5款之消息傳遞責任，而使基於正當商業目的傳遞消息之內部人須負擔連帶損害賠償責任之不合理結果。

---

10 臺灣高等法院高雄分院 107 年度金上字第 1 號民事判決。

　　另應提醒的是，內部人就公司內部未公開之重大資訊，不僅應考慮其傳遞消息之正當化理由(reasons for communication)，同時更應考慮傳遞消息之方式(means of communication)與內容。換言之，雖然內部人傳遞消息之動機係為公司利益，但仍應避免其溝通之方式並無正當化理由而構成對特定人之傳遞消息，或告知消息受領人過多其無須知悉的內容。

補充：美國與歐盟關於正當商業目的傳遞內線消息之見解

　　美國法之內線交易消息傳遞責任，乃建立在信賴關係理論之上，內部人傳遞消息之行為必須違反其收任人義務，消息受領人之交易行為才會構成內線交易。基此，內部人於具有正當商業目的而傳遞消息時，因未違反其收任人義務而獲有個人利益，消息受領人之交易行為並不會構成內線交易。例如，上市公司負責人與銀行基於業務往來或貸款，而提供公司必要之財務、業務資料，應認為具有正當商業目的。此外，2014年歐盟濫用市場規則(Market Abuse Regulation)第10條第1項，將內部人因僱傭關係、職業關係或基於義務而正常揭露消息的行為(the normal exercise of an employment, a profession or duties)，排除在禁止範圍之外。

類型四：多手消息傳遞之遙遠消息受領人

內線交易之消息受領人是否包括「間接」獲悉消息者？例如內部人董事甲將公司未公開重大消息傳遞給乙，乙再傳遞給丙，丙進而買賣公司股票，丙是否受到內線交易禁止之規範？美國法院基本上認為包括間接消息受領人，即所謂遙遠消息受領人(remote tippee) [11]。蓋倘認為不包括間接消息受領人，內部人即可經由間接受領人之安排，規避禁止內線交易之規定，而產生規範上疏漏。故自內線交易規範之確實性與完整性思考，應肯定包括間接受領人。

我國實務判決亦認為包括間接消息受領人。例如：「依證券交易法之 立法目的解釋，95年1月11日修正前證券交易法第157條之1第1項第5 款並未規定「直接」自前4款之人獲悉消息者始為消息受領人，且若不包括間接受領人將出現規範上之漏洞，是為貫徹立法目的及維護市場 健全，該款規定應不以直接受領人為限。基此，被告江O勇雖係於95年9月22日自被告陳O昕處獲悉重大消息，被告陳O昕又係自被告蔣O樑處獲悉重大消息，業如上述，惟95年1月11日修正前證券交易法第157條之1第1項第5款「獲悉消息之人」既包含間接受領人，被告江O勇當屬修正前95年1月11日證券交易法第157條之1第1項第5款之消息受領人[12]。」

---

11 Please see e.g. United States v. Chestman, 903 F. 2d 75 (2nd Cir. 1990).

12 台灣台北地方法院 99 年度金字第 5 號民事判決。

實務案例五：台開案

　　被告之一趙O為臺大醫院醫師；被告之二趙玉O為趙O之父；被告之三蔡O為國票金融控股股份有限公司之關係企業，國票綜合證券股份有限公司董事，擅長股票操作；被告之四游O係寬頻房訊公司負責人，熟稔不動產之行情及投資；被告之五蘇O於94年7月1日就任台灣土地開發投資股份有限公司（下稱台開公司）之董事長。蘇O自接任台開公司董事長後，因當時官股、民股持有台開公司股權分別約為48%、45%左右，且官股與民股復長期不合，擔心民股方面隨時自股票交易集中市場收購股票以增加股權持分，改變台開公司之股權結構及官股地位，致其好不容易所求取之台開公司董事長職位不保，於得知彰化銀行持有台開公司股權約4%左右欲售出後，擔心如遭民股收購後，將改變台開公司股權之結構，便與彰化銀行談妥暫時停止出售，並尋找特定人承購彰化銀行持有之台開股份。之後蘇O於94年7月10日左右，找來蔡O，請其幫忙推薦趙O購買彰化銀行所欲出售之台開股票共1萬2,100張左右，且告知台開公司正在處理信託部門讓售、聯貸案及不良債權等事項之約略情節。蔡O於94年7月14日前之某日，告知趙O與游O有關台開公司正在處理信託部門讓售、聯貸案及不良債權等事項之約略情節，並確認趙O與游O有購買之意願後，於94年7月14日晚上，在某餐廳由蘇O告知趙O等人有關台開公司未來經營之願景與若干利多消息，可望使台開公司淨值回升至5元以上，台開公司可因此申請恢復為一般交易，屆時股價上揚可期等訊息。趙O等人獲悉蘇O所告知前述將足以影響台開公司股價之重大消息後，即當場共同決定購買彰化銀行有意出售之該批台開公司股票。趙O並將上述情形告知其父趙玉O，兩人鑒於其

身分特殊，決定以簡O（趙O之母）之名義購買台開股票。蘇O於蔡O、游O、趙O、趙玉O等獲悉上述之重大影響台開公司股票價格消息，並在上述消息未公開前買入台開股票後，始將該等消息，輸入臺灣證券交易所當日重大訊息系統對外公佈。

台北地方法院 95 年度矚重訴字第 1 號刑事判決

★★★ 董事等內部人絕對不可以……

公司董事等內部人獲悉公司內部未公開之重大消息，必須動心忍性，絕對不可以從事買賣公司股票、公司債或其他具有股權性質之有價證券的內線交易行為！也不要將該消息直接或間接告知親朋好友等，使消息受領人陷於違反內線交易民刑事責任之高度風險，以免害人害己！

肆、對董事執行業務之建議

就內線交易消息傳遞責任，茲提醒並建議董事如下事項：

一、董事等內部人從事內線交易不僅違反證交法禁止內線交易之規定而負有民刑事責任，亦違反其對公司之忠實義務 (duty of loyalty)。

我國公司法第23條第1項規定「公司負責人應忠實執行業務並盡善良管理 人之注意義務，如有違反致公司受有損害者，負損害賠償責任。」而內線交易即屬內部人濫用其資訊優勢地位而獲取個人利益，該行為不僅違反證交法第條157條之1禁止內線交易的規定，而須負擔刑事責任與對投資人的民事賠償責任，亦屬受任人忠實義務的違反，公司可以向內部人請求因此所生的損害。

法院見解亦肯認董事等內部人之內線交易行為係屬忠實義務的違反：「查上訴人身為基因公司監察人，利用職務上之權限與機會獲悉之重大消息，於基因公司股東及證券市場投資人均不知情前，先行賣出所持有之基因公司股票以規避損失，顯然考量個人利益優先於公司利益，將原本應屬於基因公司全體股東之重大消息，挪作個人規避損失之私益使用，**其利用職務之便及資訊上不平等之優勢，違反證交法第157條之1內線交易禁止之規定，顯為圖謀個人之不法利益，並損害基因公司股東及投資人之權益，自已違背負責人之忠實義務**[13]。」

---

13 臺灣高等法院 104 年度金上字第 6 號民事判決。

二、董事等內部人故意告知消息受領人內線消息，即使內部人自己未從事內線交易，但仍可能須負擔民事連帶損害賠償責任；且依具體個案情形，可能成立刑事犯罪的共同正犯或共犯。

我國證交法第157條之1第4項規定：「第一項第五款之人，對於前項損害賠償，應與第一項第一款至第四款提供消息之人，負連帶賠償責任。但第一項第一款至第四款提供消息之人有正當理由相信消息已公開者，不負賠償責任。」即消息受領人從事內線交易，應負相關刑事與民事責任（第157條之1第3項及第171條第1項第1款參照）；消息傳遞之內部人，如僅係告知消息而未從事證券買賣者，原則上不負刑事責任，但可能依前述第4項規定與消息受領人負民事連帶賠償責任；且在具體個案情形，可能成立刑事犯罪的共同正犯或共犯。

三、從董事等內部人「偶然聽聞」內線消息之消息受領人，或內部人係基於「正當商業目的」告知內線消息之兩種類型，在我國法院多採取資訊平等理論下，仍可能構成禁止內線交易之違反。

我國法院對禁止內線交易的理論多係採資訊平等理論，就消息傳遞責任之建立，只需證明「消息受領人明知或可得而知該資訊係直接或間接來自內部人，且該資訊為一內部未公開之重大消息」，而無庸證明「內部人因傳遞消息而違反其收任人義務」。因此，於偶然聽聞、基於正當商業目的傳遞等內線交易類型，基於對市場公平性之考量，消息受領人之交易行為仍構成內線交易。為避免此兩種類型可能產生對消息傳遞人亦須連帶負擔內線交易的民事責任之過於嚴苛的情形，法院實務上有將消息受領人，於個案具體情形下，認定為「基於職業關係獲悉消息之人」，而使消息傳遞人毋庸負擔連帶民事賠償責任。

四、「實質董事」仍受禁止內線交易之規範。

公司法第8條第3項本文關於實質董事（包含事實上董事、影子董

事）的責任規範，並不以公司法所明定的責任為限，以公司法為基礎的法律，如證券交易法、企業併購法、銀行法等，其就董事責任之相關規範，亦有可能適用於實質董事。法院判決即明確表示實質董事從事內線交易行為，亦有證交法第157條之1第1項第1款該公司「董事」的適用。

五、公司就內線交易禁止之防制教育與宣導，對象除董監事、大股東等傳統內部人外，亦應包括公司一般職員。

內線交易禁止的對象與行為態樣，尚包括「基於職業關係獲悉消息之人」（如公司秘書或職員）實際知悉公司內部未公開之重大消息後，自行或以他人名義買賣，或將該消息告知親友，由親友買進或賣出公司股票的情形。因此，建議公司不僅應對公司董監事等內部人進行內線交易防制之教育與宣導，對於公司一般職員等，亦應提醒其不得於職業上獲悉公司內部未公開重大消息而進行交易，更不得將該消息傳遞予他人。

此外，公司應建立內線交易相關政策(insider trading policy)，其主要架構與內容包括：解釋何謂內線交易、受內線交易規範之人（內部人、家庭成員、職業關係獲悉消息之人等）、受內線交易規範的有價證券、內線交易禁止的行為態樣（買進、賣出、傳遞消息等）、內線交易其他構成要件的解釋（如重大消息、公開等）、內線交易處罰（如刑事、民事責任）、允許的交易時間(trading window)與事前確認(pre-clearance)，以及公司提供的法律資訊等[14]。

---

14 關於公司內線交易政策，可以參考台灣積體電路股份有限公司的內部規範，https://investor.tsmc.com/sites/ir/major-internal-policies/Insider_Trading_Rules_e.pdf

實務專家評論—《內線交易之消息傳遞責任》

併購活動中所潛藏的「內線交易」風險

吳志光 [1]

理律法律事務所 律師

　　A公司（上市公司）看好B公司（上市公司）的發展前景，有意以公開收購方式，收購B公司的股權。A公司董事長甲並與B公司董事長乙相約會面磋商，獲致相當共識。乙隨即召集董事會將此潛在收購消息通知各董事，並經董事會決議通過，允許A公司專業團隊至B公司進行盡職調查(due diligence)，並指示其私人聘用的特別助理丙協調備置資料室(data room)。丙負責依據A公司專業團隊之清單，協調B公司各單位提供相關資料，其中包括B公司重要資本支出計畫、洽談中的重要交易內容及未來五年財務預測等未對外公開的資訊。丙雖不清楚盡職調查的目的為何，但經與專業團隊互動閒聊，知悉專業團隊係代表A公司來進行調查，自覺A公司應有所發展，遂於此期間內持續購買A公司之股份。於盡職調查結束後，甲從報告中得悉B公司重要資本支出計畫、洽談中的重要交易內容及未來五年財務預測等，更堅信B公司之發展前景，決意加速進行並完成A公司公開收購B公司股份的計畫。試問：(一)丙購買A公司股份之行為是否構成內線交易？(二)A公司公開收購B公司股份之行為是否構成內線交易？

1　理律法律事務所合夥律師，中華公司治理協會常務監事。本文為作者個人意見，不代表事務所或協會之立場。

　　盡職調查是併購活動中不可或缺的重要程序，可以經由財務、會計及法律專業團隊之實地查核，以進一步掌握各該公司的財務、業務狀況，並發現現存或潛在的法律風險，以作為是否進行併購交易的最後評估，並且作為併購雙方磋商議定併購對價、換股比例及併購契約相關條款的基礎[2]。然而，從防杜內線交易的法令遵循觀點，當各該公司進行盡職調查時，往往也成為內線消息傳遞的渠道。而所傳遞的內線消息除了系爭併購活動本身外，更值得警覺的是經由盡職調查所得悉的「尚未公開的重大消息」。

　　丙從進行盡職調查的專業團隊得悉A公司針對B公司進行盡職調查乙事，雖不清楚併購交易內容，並且係購買A公司股份而非B公司之股份。然而，由於公開收購消息尚未公開，公開收購人以外之其他任何人，不論收購公司是否從目標公司獲取機密消息，在收購消息尚未公開之前，不得買賣收購公司或標的公司證券，否則應成立內線交易[3]。

　　至於A公司[4]進行收購B公司計畫是否涉有內線交易乙節，更是實務甚具爭議之議題。依據歐盟法制及美國法相關規定，公開收購人依自己的資訊及公開收購計畫而買進目標公司股票（stake-building，即一般所

2　詳細內容可參閱劉紹樑、葉秋英、蘇鴻霞、張宏賓、曾沂、吳志光、王儷真合著，企業併購與金融改組，台灣金融研訓院 (2002)，第 196 頁以下內容。

3　詳參賴英照著，誰怕內線交易 (2017)，第 191 頁。

4　關於法人是否得為內線交易主體，實務與學說仍均有爭議，但並非此所討論主題，故暫且不論。惟關於此議題之討論，可參見最高法院 100 年度台上字第 4454 號刑事判決：「關係企業之公司亦得為內線交易之主體，蓋法人得為內線交易之主體，而關係企業彼此間形成策略聯盟之互動關係，企業重大資訊彼此流用，如果利用得以取得公司內部訊息之地位，從事證券市場上的投機買賣，藉此謀求不法利益，則關係企業組織結構無異是內線交易之溫床。此種處罰，即為轉嫁罰制之立法。行為人為對於關係企業公司之經營、投資決策均具有權限，為實際之行為人，其明知內線消息，於消息未公開前，使其公司出售其所持有之他公司股票，以減少消息公開後他公司股價下跌所造成之損失，間接獲取利益，雖非以個人名義買賣股票，仍有證券交易法禁止內線交易之適用。」

稱建立部位），雖然在公開收購消息公開之前，仍然不成立內線交易。但如依其他管道獲取目標公司的機密資訊者，例如從目標公司取得機密資訊，或因進行實地查核而獲悉重大消息，仍然適用內線交易的一般規範，必須在重大消息公開之後，才能買賣目標公司股票[5]。

　　因此，於併購活動中應否及如何進行盡職調查，必須審慎考量內線交易之法令遵循需求，詳予評估及規劃。

5　詳參賴英照著，誰怕內線交易（2017），第 190-191 頁。

公司治理重要判決解讀 – 董事責任參考指引

發 行 人 ： 陳清祥

總 編 輯 ： 張心悌

作 者 群 ： 朱德芳、林建中、郭大維、張心悌 (按姓名筆畫順序排列)

校 閱 審 定 ： 游瑞德

企 劃 執 行 ： 羅上修

出 版 單 位 ： 社團法人中華公司治理協會

電 話 ： (02)2368-5465

傳 真 ： (02)2368-5393

網 址 ： www.cga.org.tw

地 址 ： 台北市羅斯福路三段 156 號 4 樓

設 製 ： 士詠藝術

電 話 ： (02)2972-4499

出 版 日 期 ： 中華民國 111 年 3 月

版 次 ： 初版

定 價 ： NT$500

I S B N ： 978-986-99738-4-7